国家出版基金项目
NATIONAL PUBLICATION FOUNDATION

中国航天技术进展丛书

吴燕生　总主编

# 运载火箭喷流气动噪声

王国辉　著

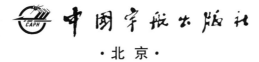

中国宇航出版社

·北京·

**图书在版编目（CIP）数据**

运载火箭喷流气动噪声 / 王国辉著 . -- 北京：中国宇航出版社，2019.12

ISBN 978 - 7 - 5159 - 1719 - 1

Ⅰ . ①运… Ⅱ . ①王… Ⅲ . ①运载火箭－气动噪声 Ⅳ . ①V475.1

中国版本图书馆 CIP 数据核字（2019）第 263766 号

责任编辑　舒承东　　　封面设计　宇星文化

出　版
发　行　**中国宇航出版社**

社　址　北京市阜成路 8 号　邮　编　100830
　　　　（010）60286808　　（010）68768548
网　址　www.caphbook.com
经　销　新华书店
发行部　（010）60286888　　（010）68371900
　　　　（010）60286887　　（010）60286804（传真）
零售店　读者服务部　　（010）68371105
承　印　天津画中画印刷有限公司

版　次　2019 年 12 月第 1 版
　　　　2019 年 12 月第 1 次印刷
规　格　787×1092
开　本　1/16
印　张　12
字　数　292 千字
书　号　ISBN 978 - 7 - 5159 - 1719 - 1
定　价　118.00 元

本书如有印装质量问题，可与发行部联系调换

# 总　序

　　中国航天事业创建 60 年来，走出了一条具有中国特色的发展之路，实现了空间技术、空间应用和空间科学三大领域的快速发展，取得了"两弹一星"、载人航天、月球探测、北斗导航、高分辨率对地观测等辉煌成就。航天科技工业作为我国科技创新的代表，是我国综合实力特别是高科技发展实力的集中体现，在我国经济建设和社会发展中发挥着重要作用。

　　作为我国航天科技工业发展的主导力量，中国航天科技集团公司不仅在航天工程研制方面取得了辉煌成就，也在航天技术研究方面取得了巨大进展，对推进我国由航天大国向航天强国迈进起到了积极作用。在中国航天事业创建 60 周年之际，为了全面展示航天技术研究成果，系统梳理航天技术发展脉络，迎接新形势下在理论、技术和工程方面的严峻挑战，中国航天科技集团公司组织技术专家，编写了《中国航天技术进展丛书》。

　　这套丛书是完整概括中国航天技术进展、具有自主知识产权的精品书系，全面覆盖中国航天科技工业体系所涉及的主体专业，包括总体技术、推进技术、导航制导与控制技术、计算机技术、电子与通信技术、遥感技术、材料与制造技术、环境工程、测试技术、空气动力学、航天医学以及其他航天技术。丛书具有以下作用：总结航天技术成果，形成具有系统性、创新性、前瞻性的航天技术文献体系；优化航天技术架构，强化航天学科融合，促进航天学术交流；引领航天技术发展，为航天型号工程提供技术支撑。

　　雄关漫道真如铁，而今迈步从头越。"十三五"期间，中国航天事业迎来了更多的发展机遇。这套切合航天工程需求、覆盖关键技术领域的丛书，是中国航天人对航天技术发展脉络的总结提炼，对学科前沿发展趋势的探索思考，体现了中国航天人不忘初心、不断前行的执着追求。期望广大航天科技人员积极参与丛书编写、切实推进丛书应用，使之在中国航天事业发展中发挥应有的作用。

雷凡培

2016 年 12 月

# 前　言

运载火箭通常采用单台或多台火箭发动机提供推力，在其起飞过程中，发动机超声速喷流自身及其对发射台、塔架和导流槽的冲击都会产生巨大的气动噪声，声压级高达140~170 dB。如果噪声预示和防护不到位，将对发射台、塔架、火箭上的仪器设备、有效载荷以及人员健康造成损伤，甚至直接影响飞行成败。

在航空领域，飞机喷流气动噪声的研究起步较早，这是由于航空发动机喷流噪声严重影响航空运输的舒适性和安全性。因此国际民用航空业对飞机适航噪声提出了严格的标准，全球大部分机场对飞机噪声也进行了严格限制。目前国内有一系列涉及该领域的相关书籍。

在航天领域，火箭喷流气动噪声的研究起步较晚，然而火箭发动机喷流噪声具有比航空发动机更高的声压级和更大的破坏力。近年来随着我国航天发射活动的日益增多，以及众多大推力新型捆绑运载火箭研制的开展，运载火箭起飞喷流气动噪声带来的危害引起了广泛关注，火箭喷流气动噪声研究也已成为运载火箭设计的核心内容之一。

本书包含了作者多年来在运载火箭喷流气动噪声领域方面的主要研究成果，涉及冷热喷流试验研究、数值模拟研究、工程预示研究等多个方面。本书共分7章。第1章绪论，主要介绍运载火箭喷流噪声研究的背景和意义，概述国内外相关研究方法与进展。第2章运载火箭喷流气动噪声机理，主要介绍声学基本概念，阐述运载火箭喷流气动噪声机理。第3章超声速冷喷流气动噪声试验，主要介绍超声速冷喷流噪声试验系统设计方法，以及喷管个数、喷管间距等因素和挡板、导流槽等遮蔽物对喷流噪声特性的影响。第4章超声速热喷流气动噪声试验，主要介绍超声速热喷流噪声试验系统设计方法，以及发动机混合比、导流槽遮蔽效应、导流槽距喷管出口距离对喷流噪声特性的影响。第5章超声速喷流气动噪声数值模拟，主要介绍喷流噪声数值仿真模型，以及总温、总压、气体常数等参数对噪声特性的影响，并介绍了如何通过数值仿真结果拟合经验公式，建立发动机参数与噪声总声压级之间的定量关系。第6章超声速喷流气动噪声工程预示，主要介绍根据真实火箭发射状态和导流槽模型，结合试验数据、试验规律和数值仿真，如何建立火箭起飞噪声工程预示模型，并给出了工程应用实例。第7章运载火箭喷流气动噪声抑制与防护，主要介绍运载火箭工程应用中噪声的控制防护方法。

本书可供从事运载火箭总体设计、火箭发动机设计、气动声学、空气动力学、动力工程等专业的科研及工程设计人员参考，也可作为相关专业的教师、研究生的参考书。希望本书能对我国运载火箭喷流气动噪声的研究工作起到推动作用。

本书在西北工业大学胡春波、孙海俊、胡旭，以及北京宇航系统工程研究所张津泽、徐珊姝、曾耀祥、李林、陈海鹏、王雪梅、李虹等人的共同努力下编写完成。本书编写过程中凝聚了他们的大量汗水和心血，在此表示衷心感谢。限于作者的水平，书中内容难免有疏漏和不足之处，恳请读者批评指正。

作　者

2019 年 8 月 28 日于北京

# 目　录

# 第1章 绪 论

## 1.1 引言

1877 年古典声学理论建立后，声学研究主要集中于静止大气中振动声源产生的声波传播等问题。直至第二次世界大战，随着航空涡喷发动机和航天运载火箭发动机的迅速发展，相应形成了两类巨大的喷流噪声源，并由此带来了系列喷流噪声问题，进而将传统噪声研究拓展到了高速气体流动过程中声波的产生、传播、相干等更深、更复杂的层面，从而衍生出了流体力学学科的一个新分支——气动声学。

在运载火箭起飞段，其喷流气动噪声主要由两个部分组成，一是自由喷流噪声，二是喷流与发射支持系统的冲击噪声。火箭飞离发射区域后，主要以自由喷流噪声为主。一般来说，运载火箭经常采用多台液体或固体火箭发动机集束工作模式（如图 1-1 所示），喷管间距离很近，导致同时工作情况下多束喷流交叠，喷流间相互作用异常激烈。同时，单台火箭发动机推力达百吨以上，喷流出口速度超过 3 000 m/s，出口静温达 1 000 K 以上，出口总温超过 3 000 K，喷流噪声声压级达 140 dB 以上。由此看来，运载火箭飞行中不仅发动机喷流流动复杂，喷流气动噪声预示和抑制也较为复杂。

图 1-1 运载火箭发动机典型的集束式布局

此外，由于运载火箭规模庞大，其发射多依托发射支持系统，这一系统主要由发射台、导流槽和塔架等组成（如图 1-2 所示）。其中，发射台一般通过其支撑臂将火箭支起竖立，台面上设置若干导流孔；导流槽则根据喷管数量、喷流参数、发射区地形地貌等进行布局，常见的有 L、U、W 三种构型；塔架一般在火箭边侧，主要用于对竖立状态的火箭做操作支持。运载火箭发射点火时刻，发动机喷流绝大部分从发射台导流孔进入导流槽内，形成强烈的冲击噪声；而当运载火箭起飞到一定高度后，发动机喷流将冲击到导流孔附近的发射台上表面和塔架侧面，亦会产生强烈的冲击噪声。上述两部分冲击噪声再叠加发动机自由喷流噪声，构成了运载火箭起飞段喷流噪声的主要部分。由此看来，运载火箭起飞段发动机喷流与发射支持系统相互作用，致使整个流动更为复杂，喷流噪声预示和抑制也更为繁难。

图 1-2　运载火箭发射支持系统（塔架与导流槽）

统计表明，75 dB 噪声即可造成人员听力损伤，150 dB 噪声会造成爆震性耳聋。当噪声达到 135 dB 以上时会引起电子仪器的连接部位错动、微调元件发生偏移，达到 140 dB 时能使窗户玻璃破裂，超过 150 dB 则能严重损坏电阻、电容等电子元器件。由此看来，如果运载火箭喷流气动噪声抑制和防护不到位，将会损坏发射塔架及火箭上的仪器设备，影响飞行的成败，同时也会对周围人员的健康造成损伤。尤其是喷流速度更高的大推力火箭发动机，其声压级将达到 170 dB，由此会带来更加严重的噪声影响。

## 1.2　研究方法与进展

运载火箭喷流气动噪声的研究方法主要有试验研究、数值仿真研究和工程预示研究。

### 1.2.1　试验研究

（1）研究方法

喷流噪声的发声机理复杂，声场特性和分布规律与流场结构、流场气动力分布密切相关，且分散的气动力声源之间还存在着相互干扰作用。喷流噪声的气动力声源存在于三维黏性非定常流场的不同尺度的涡系中，所以在进行喷流噪声研究时，往往先从试验研究入手，研究喷流噪声的辐射特性和分布规律，以及发动机工作参数（如工作压强、喷流流量等）对噪声特性的影响。

目前超声速喷流噪声试验台，从工作状态上可分为冷喷流噪声试验台和热喷流噪声试验台两种，从试验测试精度上可分为精密级测量试验台和工程级测量试验台。

冷喷流噪声试验台多采用压缩空气或高压氮气作为气源，试验台通过控制系统控制气源，使喷管前工作压力达到稳定值、喷管喉部处于壅塞状态，再通过调节喷管形状和尺寸使出口马赫数达到设计值，实现试验台工作压力、马赫数的调节。在此基础上研究喷流噪声的指向性，以及工作压强、喷管尺寸大小、出口马赫数和喷管型面等因素对喷流噪声特性的影响，在喷流轴向增加挡板、导流槽等遮蔽物可研究其对噪声辐射特性和分布规律的影响。热喷流噪声试验台多采用小型航空发动机或火箭发动机作为喷流源。以固体火箭发动机为例，可通过不同的装药方式和装药种类实现燃烧室工作压强、推进剂燃温的调节；可通过喷管的设计实现出口马赫数和喷管尺寸的调节。在喷流轴向增加导流槽可模拟真实发射环境下的火箭起飞噪声，增加喷水设施可研究其降噪效果。

超声速冷喷流与热喷流试验台本质上是喷流工质不同，两种试验台的对比见表 1-1。其中，超声速冷喷流试验台声压信号稳定、操作方便，可进行大量试验，研究噪声特性和影响因素。而超声速热喷流试验台的喷流工质和总温接近于真实火箭发动机状态，噪声特性也更具代表性和说服力，但其系统复杂，声压信号稳定性不如冷态试验，不适于规划大量试验。

表 1-1 超声速冷、热喷流噪声试验台比较

| 试验台类型 | 气源 | 总温 | 优点 | 缺点 |
|---|---|---|---|---|
| 冷喷流试验台 | 压缩空气、高压氮气 | 300 K 左右 | 安全性好、可靠性高、系统简单、气源稳定、工作时间长、声压信号稳定性好、成本低 | 偏离真实发动机状态、出口流速低、出口温度低、气源易冷凝结冰 |
| 热喷流试验台 | 航空发动机、火箭发动机 | 1 200 K 以上 | 接近于真实发动机状态 | 系统复杂、安全性和可靠性相对较差、工作时间短、声压信号稳定性差、成本高 |

测试精度的要求不同，相应的测试环境、可获得的测试信息也不同。精密级精度测量对测试环境要求较高，要在消声室或混响室内进行；而工程级精度测量对测试环境要求相对较低，可在户外或者大房间中进行。国际标准化组织（ISO）颁布了一系列关于噪声试验测量的国际标准，如表 1-2 所示。

表 1-2 ISO 噪声试验测量标准

| 标准编号 | 方法分类 | 测试环境 | 噪声特性 | 声源体积 | 可测声功率 | 可用信息 |
|---|---|---|---|---|---|---|
| ISO3741/ISO3742 | 精密 | 特殊要求混响室 | 稳态宽频或离散频率 | 小于测试房间体积1% | 倍频程或1/3倍频程 | A计权声功率级 |
| ISO3743 | 工程 | 专用混响室 | 稳态宽频或离散频率 | 小于测试房间体积1% | A计权或倍频程 | 其他计权声功率级 |
| ISO3744 | 工程 | 户外或大房间 | 任意 | 最大尺寸小于15 m | A计权或倍频程或1/3倍频程 | 指向性和声压级随时间变化 |

**续表**

| 标准编号 | 方法分类 | 测试环境 | 噪声特性 | 声源体积 | 可测声功率 | 可用信息 |
|---|---|---|---|---|---|---|
| ISO3745 | 精密 | 消声室或半消声室 | 任意 | 小于测试房间体积0.5% | A 计权或倍频程或1/3倍频程 | 指向性和声压级随时间变化 |
| ISO3746 | 调查 | 无专用测试环境 | 任意 | 仅受现有环境限制 | A 计权 | 声压级随时间变化,其他计权声功率级 |
| ISO3747 | 工程 | 管道端口消声结构 | 任意 | — | A 计权或倍频程或1/3倍频程 | 其他计权声功率级 |

（2）研究进展

在喷流噪声特性研究方面，Mollo - Christensen、Christopher 以及北京航空航天大学汪洋海等人通过消声室内的试验测量，分析了喷流噪声的发声机制，试验系统如图 1-3 所示。研究结果表明，超声速喷流噪声的发声机制主要有两方面，一是喷管出口湍流旋涡尺度较小的激波噪声，二是喷流下游较大尺度的湍流旋涡产生的湍流混合噪声。通过试验数据还了解了超声速喷流噪声中啸音成分各模态的频率、幅值特性，并捕捉到了各模态间的跳跃现象，这对啸音发声机理的理解具有重要意义。在试验过程中，通过改变喷流马赫数及雷诺数发现，低频噪声主要发生在靠近轴线附近，而高频噪声则发生在较大的角度方位。中国科技大学徐强利用单室双推力试验发动机对近场喷流噪声进行了测量与分析，得到噪声峰值频率的变化范围。联合时频分析结果表明，同一测量位置处喷流噪声的峰值频率与燃烧室压力的变化无关，而噪声幅值则取决于燃烧室压力。

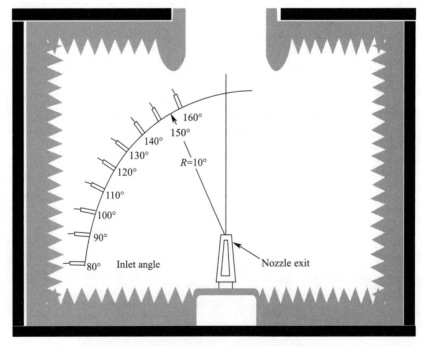

图 1-3 Christopher 试验系统示意图

　　在喷流噪声影响规律的研究中，国内外学者开展了大量的试验研究工作。针对冷态喷流试验，西北工业大学韩磊、李林通过发动机冷流试验，研究了压强、喷管尺寸对噪声的影响和噪声声场分布规律，试验系统如图 1-4 所示。该项研究表明，超声速喷流噪声有较强的指向性，声压级随测点与喷口距离的增大而减小，峰值频率基本不变；声压级随着来流压强的增大而增大。随着喷管尺寸的增大，不同位置的测点声压峰值频率逐渐降低，各频率下声压级逐渐增大。北京航空航天大学汪洋海等人通过分析不同厚度、形状的喷嘴对啸音的抑制作用，为啸音的降噪控制提供了支撑。针对热态喷流试验，Brenton J. Greska 对马赫数范围 1.2～2.2，温度范围 290～1 366 K 的喷流进行了研究，证明了超声速喷流噪声具有很强的指向性，同时通过对比分析不同尺寸的喷管，发现二者产生的噪声分布规律基本一致，但噪声量级并不完全一致。西北工业大学胡春波、李佳明设计了固体火箭发动机喷流噪声试验系统，研究了喷管出口马赫数、燃烧室压强以及推进剂燃烧温度对喷流噪声特性的影响，结果表明：在同一测量位置处，随着推进剂燃烧温度的降低，噪声峰值降低；随着喷管出口马赫数和燃烧室压强的增大，噪声峰值升高。

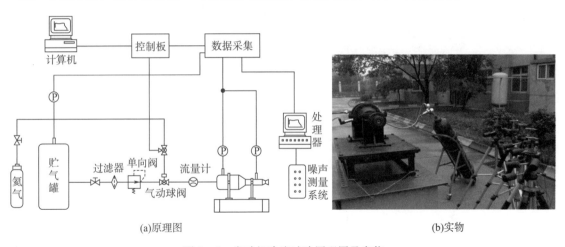

(a)原理图　　　　　　　　　　　　　　　　　　　　(b)实物

图 1-4　发动机冷流试验原理图及实物

　　北京航空航天大学庄家煜等人研究了不同形状的喷嘴对噪声频谱和声场指向性的影响，如图 1-5 所示。此研究对比了标准喷嘴、Ｖ形槽喷嘴、圆瓣喷嘴、斜口喷嘴以及凸台组合喷嘴在各个工况下的噪声特性，最终总结出各种喷嘴对噪声控制的影响。其中凸台组合喷嘴通过改变激波结构抑制了啸音成分，但会对推力带来较大损失。Ｖ形槽喷嘴也可以抑制啸音，但增大了宽频激波噪声。圆瓣喷嘴作为一种新尝试，其降噪效果比Ｖ形槽喷嘴要好。此外，各型喷嘴在超声速情况下的降噪效果均比亚声速情况下要好。

　　对于运载火箭而言，其芯级为多台发动机并联结构，仅对单一发动机的噪声特性进行研究难以满足工程设计需求。船舶 710 所陈雄洲通过对 6 台固体火箭发动机喷流噪声的预测及试验，研究了拉瓦尔喷管和喷流噪声之间的关系。测量结果表明，用来预示火箭发动机喷流噪声的理论公式具有工程实用意义，同时也指出，就固体火箭发动机而言，对噪声影响最大的因素依次为喷管出口流体密度、出口直径及喷流速度。

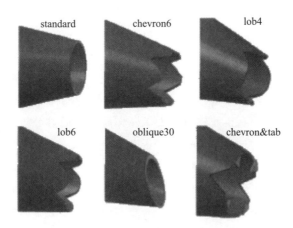

图 1-5　不同喷嘴构型图

　　在运载火箭发射台下，常布有导流槽等装置用于抑制发动机喷流噪声。浙江大学许伟伟等人对气流冲击挡板的噪声特性进行了试验研究，并对噪声机理进行了理论分析。结果表明：气流冲击挡板会将部分湍动能转化为声能量，且气流冲击时湍动能越大，噪声越大。在气流冲击挡板的过程中，挡板材料的弹性模量越小，越有利于吸收气流能量，减少声能的产生。在喷口与挡板距离较小的情况下，距离的大小对辐射噪声有显著影响，距离大的使总噪声减小，但低频噪声增加。装备指挥学院刘占卿等人在小型火箭发动机的点火试验中，利用声传感器测量了火箭发动机喷流噪声的频谱特性，获得了超声速喷流噪声的辐射特性。研究表明：导流槽遮蔽对喷流噪声降噪有显著效果，且曲面型导流槽的遮蔽效果要好于平面型导流槽，如图 1-6 所示。

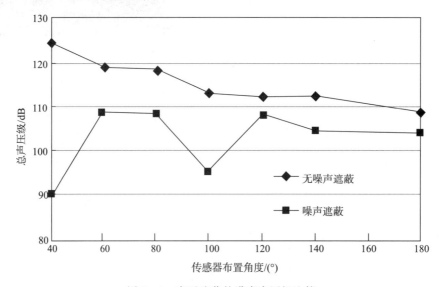

图 1-6　有无遮蔽的噪声声压级比较

## 1. 2. 2 数值仿真研究

（1）研究方法

随着计算机硬件和计算气动声学（Computational Aeroacoustics）技术的不断发展，喷流噪声的数值仿真研究发挥着越来越重要的作用。另外，试验研究存在周期长、成本高、状态多的问题，而工程预示受制于试验数据的积累以及经验公式的适用范围，不能完全覆盖所有工作状态的发动机喷流噪声。因此，噪声的数值仿真可以和试验研究及工程预示相结合，使喷流噪声研究更加精细化、全面化，并从机理上揭示喷流噪声的产生原因和影响因素。

气动噪声的数值仿真依赖于气动声学理论的建立。20 世纪 50 年代，Lighthill 博士提出了声类比理论，即把流体力学的基本方程重新变换，并把脉动的气体密度作为独立变量，准确地类比流体力学方程左端项为自由空间的声传播波动算子，变换后的方程右端就作为噪声的声源项，这就是著名的 Lighthill 方程。

最初 Lighthill 方程的解是在自由空间假设下得到的。1955 年，Curle 用 Kirchhoff 方法将 Lighthill 理论推广到考虑静止固体边界的影响。然而，Curle 的理论并未涉及运动固体边界与流体相互作用的问题。1965 年，洛森研究了自由空间里的一个运动奇点的声场特性。1969 年，Ffowcs Williams 和 Hawkings 应用广义函数法将 Curle 的结果扩展到考虑运动固体边界对声音的影响，得到一个较为普遍的结果——Ffowcs Williams - Hawkings 方程（简称 FW - H 方程）。后来 Farassart 将 FW - H 方程的积分形式进行十分巧妙的变换，分别得到了适用于亚声速、跨声速的新的积分表达式，并提出了相应的求解方法。

Lighthill 方程右端的声源项可通过对流体力学方程的数值计算获得，之后再通过求解 Kirchhoff 积分或 FW - H 方程得到方程的左端项，即喷流噪声的远场噪声特性。

喷流流场的精确求解是进行声场计算的先决条件，目前针对喷流流场数值模拟主要采用三种湍流模型：直接数值模拟（DNS）、大涡模拟（LES）和雷诺平均模型（RNG）。运用 DNS 模型对亚声速流场进行数值模拟，无论是流场还是声场，都与试验结果吻合得很好，但由于 DNS 模型对时间和空间分辨率有很高的要求，对计算机硬件要求高，现实中只能模拟低雷诺数和简单的几何模型，不能满足实际工程应用的要求。雷诺平均模型对空间分辨率要求低，计算速度快，但受制于其对湍流信息的捕捉能力，会造成流场计算偏差较大，影响声场计算精度。LES 模型针对高雷诺数、高马赫数条件下的数值模拟取得了较好的进展，而且其计算效率高于 DNS，计算精度高于雷诺平均模型，目前被认为是在喷流噪声数值仿真方面最实用的模型。这三种典型湍流模型的比较见表 1 - 3。

表 1 - 3 三种湍流模型的比较

| 湍流模型 | 优点 | 缺点 |
| --- | --- | --- |
| DNS | 计算精度最高 | 计算机硬件要求高 |
| LES | 计算精度高、速度快 | 计算机硬件要求较高 |
| RNG | 计算速度快 | 计算精度低 |

（2）研究进展

声学计算模型、声源面以及时间步长等计算参数的设定对于噪声计算结果精度有较大的影响。为获得最佳计算结果，Constantinescu 和 Biancherin 等人通过三维非稳态数值仿真，针对噪声计算中声源面的选取进行了研究，与此同时还研究了 Kirchhoff 方法、FW-H 方法在进行远场声压计算时的差异。通过对比，得到了各种情况下声压级的频谱特性，低频时 Kirchhoff 方法算出的声压级要偏高一点，高频时两种方法差别不大。研究结果表明：喷流核心的尾部区域为主要噪声源，并且在 $St = 0.25 \sim 0.3$ 之间，噪声频谱达到峰值，该结果符合试验得到的频谱特性。Andersson 利用有限体积法对喷流流场及声场进行了 LES 数值模拟，计算过程中对流通量采用了低耗散三阶迎风格式，黏性项则采用二阶中心差分格式，时间上采用了三步二阶 Runge-Kutta 方法。SGS 模型选用 Smagorinsky 模型，远场声压计算时运用 Kirchhoff 方法，虽然整体计算精度不高，但是有限体积方法可以应用在较为复杂的构型中，得到的结果与试验数据较为吻合，这也说明有限体积法在噪声计算中的可行性。

北京航空航天大学李晓东、高军辉采用计算气动声学方法和大涡模拟策略仿真了马赫数为 1.19 和 1.372 的全三维圆管喷流啸音现象。主控方程采用 Navier-Stokes 方程（简称 N-S 方程），大涡模拟采用标准 Smagorinsky 亚格子模型。空间离散采用频散相关保持格式，并采用 10 阶空间滤波方法滤掉格点伪波以保持计算稳定，时间离散采用两层存贮形式低频散低耗散 Runge-Kutta 方法。在不同边界处采用适合其流动特点的无反射边界条件。数值仿真预测的啸音频率和幅值与 Ponton 等人的试验结果基本吻合，如图 1-7 所示。

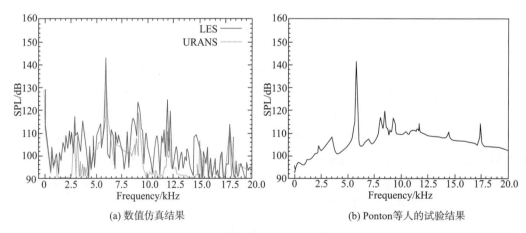

(a) 数值仿真结果　　　　　　　　　　(b) Ponton等人的试验结果

图 1-7　数值结果与试验数据对比

此外，他们还基于线化欧拉方程和全欧拉方程对二维平行剪切层声波的产生和辐射进行计算气动声学（CAA）数值模拟，空间离散采用频散相关保持有限差分格式，时间积分采用低频散低耗散 Runge-Kutta 方法，结果表明：当声源强度较小时，基于全欧拉方程的计算结果与解析解及基于线化欧拉方程的计算结果均符合得很好。当声源强度较大时（约 140 dB）线化欧拉与全欧拉方程计算结果有较大偏差，这说明此时非线性影响不可忽略，线化方程不再适用。

Taku Nonomura 和 Yoshinori Goto 用数值仿真方法计算了 H‑2B 火箭起飞噪声，计算中充分考虑了发射塔架、导流槽以及发射场周边环境对噪声的影响。在求解三维可压缩 N‑S 方程过程中，对流项采用七阶加权紧致非线性格式，黏性项采用六阶中心差分，时间积分采用三阶 Runge‑Kutta 方法，积分步长为 5e‑5 s。结果得到了较为精确的起飞外噪声云图，如图 1‑8 所示。

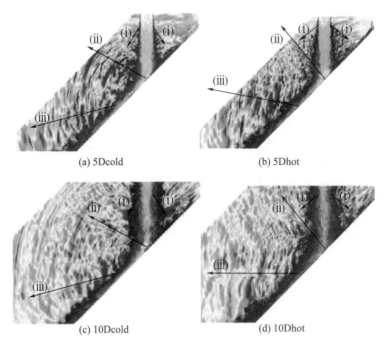

图 1‑8　压力分布图

西北工业大学胡春波、李林等人，针对火箭发动机高温超声速喷流流场进行三维非稳态数值模拟，根据其湍流结构确定声源面并通过 FW‑H 方程求解远场声压分布，分析高温超声速喷流噪声分布规律以及喷管出口马赫数对喷流噪声的影响。研究表明，该方法得到的总声压级计算结果与试验结果基本吻合，如图 1‑9 所示。

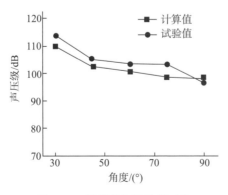

图 1‑9　计算值与试验值对比

戴光、王兵等人基于加载扰动速度的 Lighthill 波动方程，采用稳定的差分格式和无反射边界条件，对不同喷管马赫数的轴对称喷流气动声场进行数值仿真，并分析声场特性。结果表明，在亚声速射流中，由于喷流的剪切梯度流对噪声的扰动作用，使噪声分布具有方向性。

### 1.2.3 工程预示研究

（1）研究方法

针对不同种类的发动机，由于其工作状态、工作参数和组合时的差异，如若逐一进行发动机噪声试验研究，不仅费时费力，而且资金耗用巨大。所以，充分利用已有的试验数据进行数理统计和归一化数据处理，建立相应的噪声源模型和噪声工程预示方法，也是一种实用的气动噪声研究模式。

Eldred 提出了典型的火箭发动机喷流噪声的工程预示方法，具体思想是：基于试车数据，对总声功率、声效率系数、声功率谱、等效声源分布、方向特性等进行统计和归一化处理，得到相应的经验公式和归一化曲线图，在已知发动机工作参数的情况下，可通过经验公式计算得出总声功率、声功率谱等噪声源特性，再通过扩散声场理论和方向传递系数得到远场任意点处的噪声特性。

在多台发动机并联工作的情况下，Eldred 方法则将多台发动机噪声进行直接叠加。针对多喷流之间的喷流干扰和噪声遮蔽问题，Potter 给出了相关的研究方法，即在多喷管间距较大时，独立计算每台发动机的噪声特性，之后进行叠加得到总噪声；在多喷管间距较小时，用等效喷管直径将多台发动机等效为一台发动机，之后进行噪声预示；在多喷管间距适中时，将喷流分为两部分分别计算，一部分为喷流混合前，噪声为各台发动机的叠加，一部分为喷流混合后，将多台发动机等效为一台发动机进行计算，忽略过渡阶段的影响，总噪声为两部分喷流噪声的叠加。

考虑导流槽对噪声模型的影响，Eldred 和 Potter 在自由喷流噪声模型的基础上，将导流槽后的喷流进行等效计算，并给出相应的噪声源模型，噪声预示结果可结合试验数据进行必要的修正。Kandula 针对地面反射问题做了相关研究，并给出了相应的地面反射模型。

相似结构外推法也是一种常用的火箭发动机噪声经验预示方法。如果新型火箭在相似的发射台上发射，而且所用的发动机与以往型号的火箭所用的发动机相似，出口参数近似相等，那么可用以往火箭发射时的噪声测量数据，经归一化处理后，来预示新型火箭的噪声特性。

上述四种典型的火箭喷流噪声工程预示方法的比较如表 1-4 所示。

表 1-4 四种典型工程预示方法的比较

| 方法类型 | 适用范围 | 优点 | 缺点 |
|---|---|---|---|
| Eldred 方法 | 自由喷流状态、导流槽状态 | 适用范围广 | 处理多喷管和导流槽状态时模型比较粗糙 |
| Potter 方法 | 自由喷流状态、导流槽状态 | 适用范围广，处理多喷管状态时考虑了多喷流间的干扰和噪声遮蔽效应 | 处理导流槽状态时能量损失大 |

续表

| 方法类型 | 适用范围 | 优点 | 缺点 |
|---|---|---|---|
| Kandula 方法 | 自由喷流状态、导流槽状态、地面反射影响 | 考虑地面反射的影响 | 地面反射模型适用范围有限，需要根据实际情况修正模型 |
| 相似结构外推法 | 相似发动机、相似发射台状态 | 简便、快捷 | 适用范围有限 |

（2）研究进展

Damiano Casalino 和 Mattia Barbarino 针对欧洲小型运载火箭 VEGA 的喷流噪声分别进行了计算，对比实际飞行数据，分析了算法的优缺点，研究表明：第一种 Eldred 算法峰值频率预示精度较高，但声压谱和总声压级预示精度较差，第二种 Eldred 算法总声压级和声压谱预示精度较高，但峰值频率预示有一定偏差，如图 1-10 所示。两人在 Eldred 算法的基础上提出了改进，运用数值仿真方法计算工程算法中的方向传递系数，构成了改进的计算气动声学与工程预示相结合的算法（CAA/empirical method），计算结果与实际飞行数据对比，噪声预示精度要明显高于两种 Eldred 算法，如图 1-11 所示。

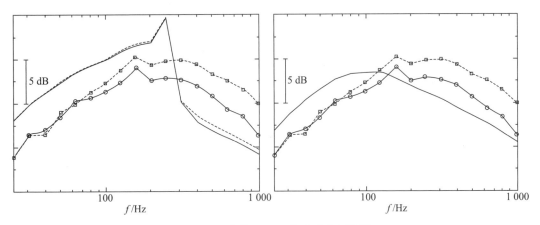

图 1-10　传统 Eldred 算法噪声频谱图

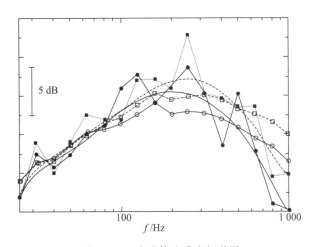

图 1-11　改进算法噪声频谱图

　　装备指挥学院陈钰、周旭等人参考 Potter、Kandula 对 Eldred 算法的修正，实现了小型固体火箭发动机的喷流噪声计算，总声压级计算结果与测量数据误差小于 3 dB。该方法加入多喷管之间的相互干扰以及地面反射等因素的影响，以该算法为核心，开发了火箭噪声计算软件，计算结果如图 1-12 所示。分析计算结果后得出以下结论：可以粗略地把喷气噪声声场分为近场、中场和远场。近场噪声中心频率为高频，越靠近喷口处高频越强，主要对箭体和塔架产生影响。中场和远场中心频率为中低频，而且越远低频越强，主要对人员产生影响。

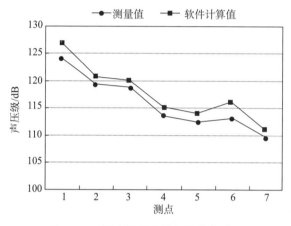

图 1-12　噪声计算结果与测量值对比

# 第 2 章　运载火箭喷流气动噪声机理

## 2.1　引言

运载火箭喷流气动噪声的特点主要为超声速流动，而这种流动涉及火箭发动机过膨胀、完全膨胀和欠膨胀等多种流动模式，也涉及单喷管自由流动和多喷管干扰流动等多种流动状态，还涉及无干扰飞行自由流动和起飞段塔架及导流槽等发射支持系统造成的干扰流动等多种流动形式，这些都会对运载火箭喷流气动噪声产生不同的影响。

## 2.2　声学基本概念

### 2.2.1　噪声物理度量

人的听觉系统能够容忍一个极大范围的脉动声压变化，所以用声压的绝对值表示声音的强弱很不方便，故在声学中采用声"级"的概念。它是基于对数尺度，参照一个代表听阈的基本量，声"级"的单位是 dB。

#### 2.2.1.1　声压级

声压级 $L_p$ 是声压 $p$ 和参考声压比值的常用对数的 20 倍，即

$$L_p = 10\lg \frac{p^2}{p_0^2} = 20\lg \frac{p}{p_0} \tag{2-1}$$

式中　$p$ ——声压；

$\quad\quad p_0$ ——基准声压（参考声压），$p_0 = 2 \times 10^{-5}\,\mathrm{Pa}$；

$\quad\quad L_p$ ——声压级，dB。

#### 2.2.1.2　声功率级

声功率 $W$ 和基准声功率 $W_0$（取为 $10^{-12}\,\mathrm{W}$）比值的常用对数的 10 倍称为声功率级 $L_W$，单位为 dB，即

$$L_W = 10\lg \frac{W}{W_0} \tag{2-2}$$

#### 2.2.1.3　声强级

众所周知，声音具有一定的能量。在单位时间内，通过垂直于指定方向的单位面积上的平均声能量就是在该方向上的声强，以 $I$ 表示，其单位为 $\mathrm{W/m^2}$。

声强 $I$ 和参考声强 $I_0$ 比值的常用对数的 10 倍称为声强级 $L_I$，即

$$L_I = 10\lg \frac{I}{I_0} \tag{2-3}$$

式中 $I$ ——声强；

$I_0$ ——基准声强，$I_0 = 10^{-12} \ \mathrm{W/m^2}$；

$L_I$ ——声强级，dB。

#### 2.2.1.4 声级计算

分贝的运算是按对数规律（能量规律）进行的，$n$ 个声级相同的噪声源相加，则总声级为

$$L_{p,\Sigma} = L_p + 10\lg n \tag{2-4}$$

两个声压级分别为 $L_{p1}$ 和 $L_{p2}$ 的不同声源相加，则总声压级为

$$L_{p,\Sigma} = 10\lg(10^{0.1L_{p1}} + 10^{0.1L_{p2}})$$

或

$$L_{p,\Sigma} = L_{p1} + 10\lg[1 + 10^{0.1(\Delta L)}] \tag{2-5}$$

其中，$\Delta L = L_{p1} - L_{p2}$。当声级差 $\Delta L$ 变大时，则上式等号右边第二项变小。

$n$ 个不同的声级之和的总声压级为

$$\mathrm{OASPL} = 10\lg(10^{0.1L_{p1}} + 10^{0.1L_{p2}} + \cdots + 10^{0.1L_{pn}}) \tag{2-6}$$

$$= L_{p1} + 10\lg[1 + 10^{0.1(\Delta L_2)} + \cdots + 10^{0.1(\Delta L_n)}]$$

式中，$\Delta L_2 = L_{p1} - L_{p2}$，$\Delta L_n = L_{p1} - L_{pn}$。

### 2.2.2 气动噪声典型声源

在气动噪声中，主要有三个阶次的噪声源，即单极子、偶极子、四极子。图 2-1 概要地列出了这些声源的主要特征。

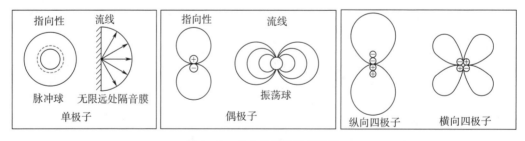

图 2-1 基本声源特征示意图

#### 2.2.2.1 单极子声源

单极子可认为是一个脉动质量的点源。媒质中流入的质量或热量不均匀时形成的声源，称为单极子声源（或叫作简单声源）。典型的单极子声源如高速气流经喷口周期性排放的脉冲喷流，稳定气流受到周期性调制的旋笛，以及使空气做周期性位移的零倾角螺旋桨等。单极子和脉动球体一样，产生的声波波阵面是相同相位的，指向性是一个圆球。一个单极子的辐射声功率为

$$W_m \sim \frac{\rho^2 v^4 D^2}{\rho_0 c_0} = \frac{\rho^2 v^3 D^2 Ma}{\rho_0} \qquad (2-7)$$

式中　$v$——喷注速度；

　　　$D$——喷口直径；

　　　$Ma$——流动马赫数；

　　　$\rho$——喷注密度；

　　　$\rho_0$——环境介质密度；

　　　$c_0$——环境介质中的声速。

### 2.2.2.2　偶极子声源

偶极子可以看作是相互十分接近两相位相差 180°的两个单极子，如图 2-1 所示，如果沿整个球形边界进行积分，则流体的静流率总是显示为零，因为流入的流量等于流出的流量。但是，因为流入流动和流出流动的方向一致，它们的动量是相加的，所以该系统就存在一个静动量。根据牛顿定律，一定可以找到一个与偶极子有关的力。偶极子的另外一种描述就是把它认为是一种由振荡作用力驱动的球。以上两种描述对于测量边界上的流体运动是等价的。注意到沿着动量变化或作用力的轴向存在着径向流动，因此，可以推断那里的可压缩运动或声学运动是最大的；而在与该轴向相差 90°的方向上，没有径向运动存在。因此，偶极子声场的特征是，该声场有一个最大值方向，而与该方向垂直的方向上，声压应该等于零值。正像在声源处流体的流出流动与流入流动的相位差那样，偶极子声场的每一个声瓣相差 180°。如果质心产生运动，则一个偶极子声源就产生了。在流体中还可认为，当流体中有障碍物存在时，流体与物体产生的不稳定的反作用力形成偶极子声源。偶极子声源是力声源，如风吹电线声、空气压缩机、动片和导流片、倾角不为零的螺旋桨等是常见的偶极子声源。其辐射声功率为

$$W_d \sim \frac{\rho^2 v^6 D^2}{\rho_0 c_0^3} = \frac{\rho^2 v^3 D^2 Ma^3}{\rho_0} \qquad (2-8)$$

### 2.2.2.3　四极子声源

四极子可以看作是由两个具有相反相位的偶极子形成的，因而也就是由四个单极子所组成。因为偶极子有一个轴，所以偶极子的组合可以是横向的，也可以是纵向的，如图 2-1 所示。横向四极子表示剪切应力，而纵向四极子则表示纵向应力。横向四极子具有两个主轴，一个是沿着诸力的方向，而另一个则在诸力当中，横向四极子有四个声瓣。纵向四极子可以看作是横向四极子的退化形式，它只有一个轴，并在声场中只产生两个声瓣。沿着围绕四极子源的球形边界积分，既没有净质量流量，也没有净作用力存在。介质中如没有质量或能量的注入，也没有障碍物存在，唯有黏滞力可能辐射声波，这就是四极子声源，它是应力声源。亚声速湍流喷注噪声是最常见的、影响最广泛的四极子噪声。四极子声源可以看作是由一对极性相反的偶极子组成，指向性呈"四瓣"型。其辐射声功率为

$$W_q \sim \frac{\rho^2 v^8 D^2}{\rho_0 c_0^5} = \frac{\rho^2 v^3 D^2 Ma^5}{\rho_0} \quad\quad (2-9)$$

对于喷流噪声，可以认为单极子的声功率与流体的马赫数一次方成正比，偶极子和四极子的声功率分别正比于 $Ma^3$ 和 $Ma^5$。物体在流动过程中将产生偶极子场，它是一个更加有效的辐射声源。其声功率除了与马赫数有关外，还与发声过程本身有关。另一方面，就声功率而言，单极子、偶极子和四极子的总声功率分别与流速的四次方、六次方和八次方成正比，其中四极子的声功率可能远远超过其余两种。降低流速可大幅减小噪声，流速减半，单极子的声功率降低 12 dB，偶极子降低 18 dB，四极子则降低 24 dB。

#### 2.2.2.4 实际声源

任何实际声源都可以看作是由适当的相位（或时间滞后）和幅值的诸单极子组成的一个分布系统。正常情况下，不可能把这样的问题公式化。采用偶极子和四极子的这种单极子的特殊组合，就允许把直觉知识用于特殊问题。考虑一个机器噪声问题，通常可以判定哪一种形式的声源占主导地位，并根据这种判定预测声源的某些特性。如果能做出这种近似，就可以应用上述的简单物理模型来了解相关物理过程中声的产生。

## 2.3 喷流气动噪声机理

### 2.3.1 火箭发动机喷流流态

火箭发动机主要使用拉瓦尔喷管。对于一个给定面积比的火箭发动机，其喷流流动主要为三种状态，即过膨胀状态、完全膨胀状态和欠膨胀状态。一般来说，运载火箭点火启动的过程，也是发动机喷流按顺序历经这三种状态的过程。拉瓦尔喷管不同的流动状态及其特点如表 2-1 所示。

**表 2-1 拉瓦尔喷管的流动状态及其特点**

| 流动状态 | 编号 | 判定依据 | 特点 |
|---|---|---|---|
| 亚临界状态 | ① | $p_b/p^* > p_3/p^*$ | 喷管内全为亚声速流动 |
| 临界状态 | ② | $p_b/p^* = p_3/p^*$ | $Ma_t = 1$,收缩段和扩张段流动全为亚声速流动 |
| 超临界状态 | ③ | $p_2/p^* < p_b/p^* < p_3/p^*$ | 扩张段内有激波,$Ma_t = 1$,$Ma_e < 1$,$p_e = p_b$ |
| | ④ | $p_b/p^* = p_2/p^*$ | 正激波位于喷管出口,$Ma_t = 1$,$Ma_e > 1$,$p_e < p_b$ |
| | ⑤ | $p_1/p^* < p_b/p^* < p_2/p^*$ | 过膨胀状态,出口有斜激波,$Ma_t = 1$,$Ma_e > 1$,$p_e < p_b$ |
| | ⑥ | $p_b/p^* = p_1/p^*$ | 完全膨胀状态,$Ma_t = 1$,$Ma_e > 1$,$p_e = p_b$ |
| | ⑦ | $p_b/p^* < p_1/p^*$ | 欠膨胀状态,出口有膨胀波,$Ma_t = 1$,$Ma_e > 1$,$p_e > p_b$ |

三个特征压强比 $p_1/p^*$、$p_2/p^*$ 和 $p_3/p^*$ 是由面积比 $A_t/A_e$ 确定的，即 $q(\lambda_e) = A_t/A_e$，相同的面积比对应有两个不同的速度系数，一个为超声速解，一个为亚声速解，即 $\lambda_e > 1$，$\lambda_e < 1$，速度系数的值可以通过查询气动函数表获得，从而可求出 $p_1/p^* = \pi(\lambda_e > 1)$ 和 $p_3/p^* = \pi(\lambda_e < 1)$，而 $p_2/p^*$ 是由 $\lambda_e > 1(Ma_e > 1)$ 查正激波表，得到

$p_2/p_1$，从而计算出 $p_2/p^* = (p_2/p_1) \times (p_1/p^*)$。其中，$p^*$ 为喷管进口气流总压，$p_b$ 为喷管出口外界反压，$p_e$ 为喷管出口气体压力，$A_e$ 为喷管出口面积，$A_t$ 为喷管喉部面积，$Ma_t$ 为喷管喉部马赫数，$Ma_e$ 为喷管出口马赫数，$\lambda_e$ 为喷管出口速度因数。

#### 2.3.1.1 亚临界状态

尾喷管内的流动全部为亚声速时，称为亚临界状态。当 $1 > p_b/p^* > p_3/p^*$ 时，气流在喷管收缩段内加速，至喉部仍然是 $Ma_t < 1$，之后在扩张段内减速，至出口 $Ma_e < 1$，$p_e = p_b$。其内部气流的静压及马赫数沿喷管轴线的变化如图 2-2 所示。

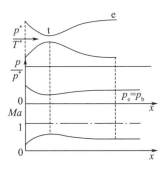

图 2-2 亚临界状态喷管内气流静压及马赫数沿轴线的变化曲线

因此，亚临界状态的特点是 $Ma_t < 1$，$Ma_e < 1$，$p_e = p_b$，气流在喷管内得到完全膨胀，整个喷管为亚声速流动。

#### 2.3.1.2 临界状态

当 $p_b/p^* = p_3/p^*$ 时，气流在收缩段内加速，至喉部马赫数 $Ma_t = 1$，然后在扩张段内减速，至出口 $Ma_e < 1$，且 $p_e = p_b$，这种流动状态称为拉瓦尔喷管的临界状态。其内部气流的静压及马赫数沿喷管轴线的变化如图 2-3 所示。

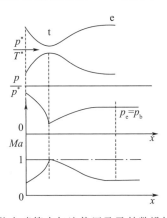

图 2-3 临界状态喷管内气流静压及马赫数沿轴线的变化曲线

因此，临界状态的特点是 $Ma_t = 1$，$Ma_e < 1$，$p_e = p_b$，喷管内无激波，喷管收缩段和扩张段内均为亚声速流动。

### 2.3.1.3　超临界状态-扩张段内有激波

当 $p_2/p^* < p_b/p^* < p_3/p^*$ 时，在喷管扩张段内会产生激波。在扩张段内的激波前加速到超声速，压强减小，通过正激波后，压强升高，波后亚声速气流在扩张段减速增压，直到出口处 $Ma_e < 1$，$p_e = p_b$。其内部激波位置、气流的静压及马赫数沿喷管轴线的变化如图 2-4 所示。

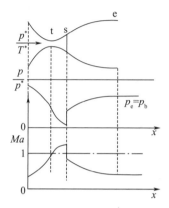

图 2-4　扩张段内有激波状态喷管内气流静压及马赫数沿轴线的变化曲线

因此，扩张段内有激波状态的特点是 $Ma_t = 1$，$Ma_e < 1$，$p_e = p_b$，喷管扩张段内有正激波，收缩段内与扩张段正激波后为亚声速流动，扩张段正激波前为超声速流动。

### 2.3.1.4　超临界状态-管口有激波

当 $p_b/p^* = p_2/p^*$ 时，在喷管出口处会产生正激波。气流在扩张段加速到出口的 $Ma_e > 1$，气流在出口将产生正激波，通过正激波后的压强与外界的反压相等。其内部激波位置、气流的静压及马赫数沿喷管轴线的变化如图 2-5 所示。

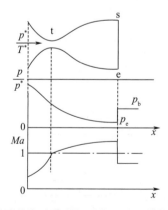

图 2-5　管口有激波状态喷管内气流静压及马赫数沿轴线的变化曲线

因此，管口有激波状态的特点是 $Ma_t = 1$，$Ma_e > 1$，$p_e < p_b$，喷管出口处有正激波，收缩段内为亚声速流动，扩张段内为超声速流动。

#### 2.3.1.5　超临界状态-过膨胀状态

当 $p_1/p^* < p_b/p^* < p_2/p^*$ 时，气流在扩张段加速到出口的 $Ma_e > 1$，气流在出口将产生斜激波，通过斜激波后的压强与外界的反压相等。其管口波系结构、气流的静压及马赫数沿喷管轴线的变化如图 2-6 所示。

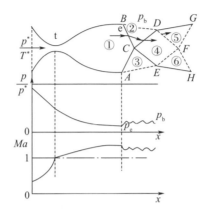

图 2-6　过膨胀状态喷管出口波系结构以及管内气流静压和马赫数沿轴线的变化曲线

过膨胀状态的特点是 $Ma_t = 1$，$Ma_e > 1$，$p_e < p_b$，收缩段内为亚声速流动，扩张段内为超声速流动。由于 $p_e < p_b$，在喷管出口处会产生两道斜激波 $AC$ 和 $BC$，如图 2-6 所示。这两道激波在 $C$ 点相交后，会产生两道激波 $CD$ 和 $CE$。①区气流经过激波 $BC$ 和 $AC$ 后，气流方向向内折转一个角度 $\delta$，气流进入②、③区后，压强与外界压强相等，即 $p_2 = p_3 = p_b$，但由于②、③区气流方向不平行，则在 $C$ 点会产生两道激波 $CD$ 和 $CE$。②、③区气流穿过激波 $CD$ 和 $CE$ 后进入④区，气流方向与①区气流方向一致，但④区压强高于②、③区气流压强，即 $p_4 > p_2$，$p_4 > p_3$，因而 $p_4 > p_a$，所以激波 $CD$ 和 $CE$ 打到自由边界 $BD$ 和 $AE$ 上后必然要反射出膨胀波束(用一道波代替) $DF$ 和 $EF$。④区气流经膨胀波 $DF$ 和 $EF$ 后，进入⑤、⑥区，分别向外折转一个角度，因而在 $F$ 点又形成两道膨胀波 $FG$ 和 $FH$。可以看出，此种状态下喷管出口以后的流动中，是激波与膨胀波交替重复发展的过程。

#### 2.3.1.6　超临界状态-完全膨胀状态

当 $p_b/p^* = p_1/p^*$ 时，气流在扩张段内继续加速，至出口 $Ma_e > 1$，同时气流在喷管出口达到完全膨胀，$p_e = p_b$，整个扩张段内无激波，出口外也无激波和膨胀波。其内部气流的静压及马赫数沿喷管轴线的变化如图 2-7 所示。

完全膨胀状态的特点是 $Ma_t = 1$，$Ma_e > 1$，$p_e = p_b$，喷管内无激波，出口外也无激波和膨胀波，喷管收缩段内为亚声速流动，扩张段内为超声速流动。

#### 2.3.1.7　超临界状态-欠膨胀状态

当 $p_b/p^* < p_1/p^*$ 时，气流在扩张段加速到出口的 $Ma_e > 1$，气流在喷管内没有得到完全膨胀，即 $p_e/p^* > p_b/p^*$，因此超声速气流在喷管出口将产生膨胀波束，通过膨

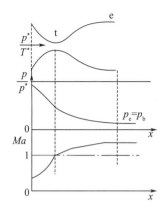

图 2-7　完全膨胀状态喷管内气流静压及马赫数沿轴线的变化曲线

胀波后的压强与外界的反压相等。其管口波系结构、气流的静压及马赫数沿喷管轴线的变化如图 2-8 所示。

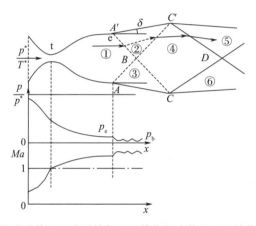

图 2-8　欠膨胀状态喷管出口波系结构以及管内气流静压和马赫数沿轴线变化曲线

　　欠膨胀状态的特点是 $Ma_t = 1$，$Ma_e > 1$，$p_e > p_b$，收缩段内为亚声速流动，扩张段内为超声速流动。由于 $p_e > p_b$，在喷管出口处会产生膨胀波 $AB$ 和 $A'B$（用平均马赫波代替），并交于点 $B$，如图 2-8 所示。气流经过膨胀波 $AB$ 和 $A'B$ 后，压强降到外界大气压强 $p_b$，并向外折转一个角度 $\delta$，$AC$ 和 $A'C'$ 即自由边界。气流流过点 $B$ 之后必产生膨胀波 $BC$ 和 $BC'$。②、③ 区气流经膨胀波 $BC$，$BC'$ 进入 ④ 区；并向内折转角度 $\delta$，且 $p_4 < p_2$（或 $p_3$），即 $p_4 < p_b$。因为气流到自由边界上必须满足压强相等，所以气流过点 $C$ 和 $C'$ 后，必然受到压缩而产生压缩波，即气流经过压缩波 $CD$ 和 $C'D$ 后，速度降低，压强升高，气流方向向内折转 $\delta$ 角。可以看出，此种状态下喷管出口之后的超声速流场是膨胀波与压缩波交替出现的流场。

### 2.3.1.8　常见火箭发动机喷流流态介绍

　　对于火箭发动机而言，因背压和速度变化范围大，其流动状态一般为欠膨胀状态。其喷流流场由一个复杂的膨胀压缩波系组成。由于喷管出口压强大于环境压强，燃气在喷管出口首先进行膨胀，喷管出口处出现膨胀波束。膨胀波导致喷流中心区域的压强降低，当外部区域压强接近于环境压强，此时燃气速度方向向轴线外偏移；当外部区域压强低于环境压强时，由于外部环境压力作用，燃气速度方向又改变为向轴线内偏移，对燃气进行压缩，喷流流场中开始形成相交的斜激波（菱形激波或者拦截激波）。其实波节内喷流核心遇到喷管唇口传来的膨胀波时，气流经历了膨胀过程。当它遇到穿过中心线而从喷管唇口相反处传来的膨胀波时引起进一步的膨胀，在沿中心线膨胀最充分处使得静压低于环境压强。燃气再次压缩，压缩结果使中心区域压强升高，升高到一定程度时，燃气需再一次进行膨胀，形成膨胀波，反复循环，从而出现膨胀波和压缩波的交替过程，因此喷流流场形成了一个压缩波系结构，如图 2-9、图 2-10 所示。

图 2-9　火箭起飞喷管尾部激波照片

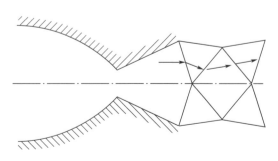

图 2-10　火箭起飞喷管尾部激波示意图

## 2.3.2　火箭发动机喷流噪声机理

超声速喷流噪声的主要声源为激波与湍流的相互作用以及激波结构的反馈。根据喷流噪声的大涡模型，喷流噪声主要来自大的旋涡破裂所产生的声压脉动。国外 Bishop，Ffowcs Williams 和 Smith 提出了一个马赫波模型来解释某些类型的超声速喷流噪声。他们的试验指出主要的噪声声源是非常大的旋涡。这些旋涡在远大于剪切层厚度的尺度上是非常清晰的，而且在喷流势流核周围集结成束。他们提出这些涡旋有着相当有序的结构且源于主流的不稳定性。在此基础上提出了一个发声与大尺度流动结构相关的模型（针对一个几乎完全膨胀的超声速喷流）。然而在 Tam 的模型中，认为整个喷流的大尺度螺旋式不稳定性是产生噪声的原因。这些不稳定性的出现起源于喷管中扰动的激波所形成的周期性共振激励，它们通过激励非定常夹带和引起喷流物理振动而形成声波。

气动噪声理论主要关注运动幅值小、远离源处的压强脉动，同时该区域中气体的压缩性和扰动的有限传播速度不可忽略。因此，在这个通常称为声场的区域里，压强（或密度）脉动是微弱的并且满足声学波动方程。

对于亚声速气流，喷流噪声仅包括混合噪声，喷流噪声声谱形状实质上反映了构成湍流混合过程的旋涡变化，即旋涡尺寸沿喷流方向逐渐变大，旋涡强度由于速度降低而逐渐减小。对于超声速喷流，激波噪声将作为喷流噪声的第二个噪声源而叠加到宽频噪声声谱中。经研究，可认为超声速噪声包括三个基本成分：湍流混合噪声、宽频激波噪声以及啸音。湍流混合噪声在下游方向占主导地位，在上游方向宽带激波相关噪声强度更大，啸音主要向上游辐射。Seiner 通过试验测出的沿喷管轴线 30°处典型超声速喷流噪声声谱图如图 2-11 所示。从图中可以清楚地看出，啸音位于中间，啸音左边的低频区为湍流混合噪声，右边高频峰值到啸音处为宽频激波噪声区。

对于火箭发动机而言，其出口绝大部分为超声速流体，由以上分析可知，其噪声主要由湍流混合噪声、宽频激波噪声和啸音组成，其特点如下。

（1）湍流混合噪声

在超声速喷流噪声中占主导地位的是湍流混合噪声，如图 2-12 所示。湍流混合噪声包含两部分：大尺寸湍流混合噪声和小尺寸湍流混合噪声。其中大尺寸湍流混合噪声是由于超声速喷流剪切层的不稳定性产生的。小尺寸湍流混合噪声则填充了喷流的背景噪声。在喷流上游方向，大尺寸湍流混合噪声占的比例大；而在下游方向则是小尺寸湍流混合噪声占的比例大；上下游之间两者所占比例基本均等。一般来说，湍流混合噪声对于喷流的总声压级（OASPL）贡献最大；在下游方向冲击噪声也起决定作用。

（2）宽频激波噪声

在实际火箭发动机工作中，大部分均为欠膨胀状态，所以发动机出口存在一系列的激波，由于激波是从喷流边界折射回来时形成的，而喷流边界层是不稳定的，所以造成了激波的不稳定，加之激波与湍流之间的相互作用，便形成了喷流宽频激波噪声。

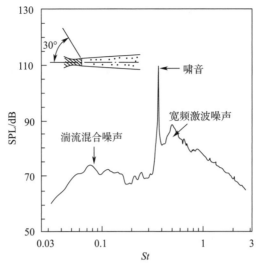

图 2-11　超声速噪声示意图

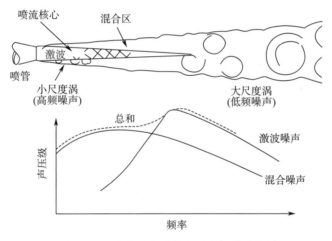

图 2-12　湍流混合噪声声源及频谱示意图

（3）啸音

在特定条件下，不完全膨胀的超声速喷流的上游区域会产生一种离散的纯音分量，该分量便被称为啸音，啸音主要来源于反馈回流。啸音产生的声强较高，因此被认为是飞行器部件声疲劳的重要影响因素之一。啸音最早是由 Powell 发现的，之后很多学者对其进行了相关的试验研究，得到了很多有意义的结论。啸音的产生受环境的影响很大，如啸音的强度会受到喷流马赫数、喷流温度、喷管唇口厚度以及形状等因素的影响。正是由于啸音受多种因素共同影响，因此在喷流噪声的研究中对于啸音的理解最少，预测能力最低。

### 2.3.3　火箭起飞段塔架和导流槽对喷流噪声的影响

　　火箭发射塔架和导流槽是航天发射场用来支持火箭发射的重要地面设备设施。发射塔架是用于运载火箭组装、检测、维护、加注和支持发射的塔式结构。在大部分火箭发射塔架下，均设有导流槽，其功能主要是将火箭发动机产生的高温高速燃气射流迅速、通畅地导离发射台，防止冲击波正面反射、燃气射流回卷及燃气射流冲向地面设施，同时在火箭起飞时，通过导流槽的喷水系统进一步降低燃气射流对导流槽的冲击和烧蚀影响，并抑制火箭噪声的反射和叠加。因声波的复杂性和多样性，塔架和导流槽对火箭起飞时的噪声必将产生影响。

#### 2.3.3.1　导流槽型面对噪声的影响

　　在介绍导流槽和塔架的影响前，将首先阐述导流槽型面对噪声的影响。选取三种典型表面形式进行研究，即凹面、凸面和平面。当导流槽型面为凹面时，燃气喷流会在凹面的内部形成旋涡，影响大尺度涡的形成及溃灭，进而影响反射声波的能量，如图 2 - 13 所示；当型面为凸面或者平面时，来流不会在表面形成新的旋涡，反射声波大部分向周围空间发散，但反射后因方向不一致，会导致发射声波与发动机喷流噪声发生不同的声耦合。清华大学的葛其明等人经过试验研究，也验证了该理论。试验表明无论压比和挡板距离如何变化，平面形式相比凹面和凸面，在上游位置对噪声声压级的影响更小，因此火箭的导流槽表面应选取平面形式。

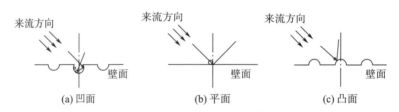

(a) 凹面　　　　　　(b) 平面　　　　　　(c) 凸面

图 2 - 13　不同导流槽表面对噪声影响示意

#### 2.3.3.2　导流槽及塔架对喷流噪声的影响

　　在火箭点火即将起飞时，从噪声声源分析，对于一个固定测点来说，噪声主要由自由喷流噪声、导流槽冲击噪声和反射噪声三部分组成。其关系如式（2 - 10）所示

$$L = c_1 \cdot L_i + c_2 \cdot L_j + c_3 \cdot L_k \tag{2 - 10}$$

式中　$L_i$ ——自由喷流噪声；

　　　$L_j$ ——导流槽冲击噪声；

　　　$L_k$ ——反射噪声；

　　　$c_1$，$c_2$，$c_3$ ——噪声影响因子，$c_1 + c_2 + c_3 = 1$。

　　自由喷流噪声主要来自于两部分，分别为火箭发动机自由喷流噪声和导流槽出口气体喷流噪声。火箭发动机自由喷流噪声，主要来自火箭发动机出口燃气所形成的喷流噪声，该部分噪声主要由湍流混合噪声、宽频激波噪声和啸音组成，在火箭发动机下游起主要作用的为湍流混合噪声和宽频激波噪声。另外，当喷流气体经过导流槽后，导流槽出口气体与静止大气混合产生旋涡，进而产生气动噪声。但导流槽出口气体与发动机出口气体相比，其速度小了很多，因此，在一般分析中对导流槽出口气体自由喷流噪声做忽略处理。

导流槽冲击噪声主要是来自于火箭发动机燃气喷流与导流槽碰撞所产生的噪声。由图 2-14 可知，发动机喷流运动到导流槽位置时，对应发动机喷流区域为湍流混合，当喷流与导流槽壁面碰撞时，会造成旋涡的破灭，涡的破灭形成新的噪声源。同时高温高速喷流与壁面碰撞，气体急速滞流并反射，引起喷流流场能量的变化，进而引起声能量的变化。

反射噪声主要是声波在传播过程中遇到介质密度变化时，会有声音的反射。当反射平面为光滑平面时，一般满足如下规律：1）入射线、反射线和法线在同一侧；2）入射线和反射线分别在法线两侧；3）入射角等于反射角。当反射面为凹面，声波反射回来时，声音会聚集，反射回来的波阵面相比平面要小得多，此时声强要大于平面。当反射面为凸面，声波反射回来时，声音会扩散，反射回来的波阵面相比平面要大得多，此时声强要小于平面。对于运载火箭来说，其反射声主要包括：塔架的反射声、发射台地面的反射声、导流槽的反射声、导流槽出口的反射声等，具体如图 2-14 所示。所有的反射声与测点位置的声波发生耦合，从而得到实际声信号。

需要说明的是，在研究塔架和导流槽影响时，仅是从声源来分析，实际在声传播过程中，还存在着声反射、折射、衍射等，需根据研究对象进行具体分析。

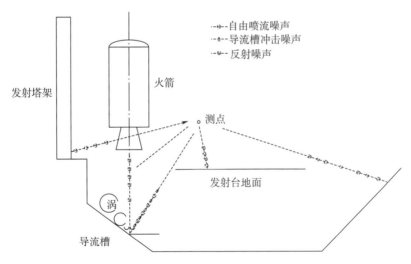

图 2-14　火箭起飞时导流槽及发射塔架噪声分析示意图

随着火箭起飞高度的变化，各个声源对同一测点的作用会产生不同的变化。自由喷流噪声逐渐成为主要声源，如图 2-15 所示。随着火箭起飞离开地面，火箭对导流槽的冲击越来越小，冲击噪声对声源的贡献值逐渐减小。此外，在起飞过程中，为了确保塔架的安全，一般塔架与运载火箭距离较远，火箭发动机喷流的核心区与混合区均未与塔架发生扰动，仅火箭喷流的边缘区域与塔架发生扰动，因此可认为塔架未对喷流流场进行改变，故塔架对运载火箭喷流噪声的影响主要是来自声波从塔架的反射，反射过来的声波与发动机喷流噪声发生声耦合。

对于反射噪声来说，随着起飞高度的不断升高，导流槽和地面所引起的反射噪声越来越小。在火箭飞离塔架之前，其所引起的噪声越来越大，但整体而言，随着火箭起飞高度的升高，式（2-10）中 $c_3$ 的值处于逐渐变小的过程，当飞行高度达到一定值后，反射噪声可以忽略。

当火箭飞离塔架后，此时导流槽冲击噪声和反射噪声均可忽略，随后火箭喷流噪声的声源主要来自发动机产生的自由喷流噪声。

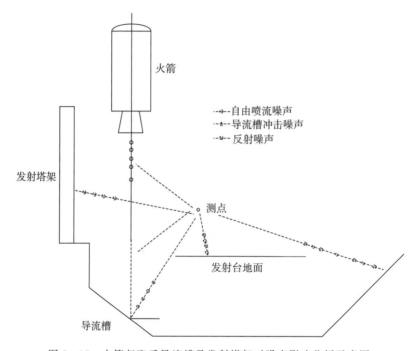

图 2-15　火箭起飞后导流槽及发射塔架对噪声影响分析示意图

# 第3章 超声速冷喷流气动噪声试验

## 3.1 引言

本章主要对超声速冷喷流噪声进行试验研究。在研究过程中，首先开展单喷管自由喷流试验，研究单喷管状态下自由喷流噪声的辐射特性及分布规律，同时调节喷管状态，研究喷管出口马赫数、喷流流量对噪声特性的影响。而后开展多喷管集束状态自由喷流试验，研究喷管个数、喷管间距、喷管偏角对噪声特性的影响。最后，为研究火箭导流槽对喷流噪声的相干作用，开展遮挡状态喷流试验，研究挡板不同遮挡距离、不同遮挡角度以及导流槽不同遮挡距离对噪声特性的影响。

## 3.2 超声速冷喷流噪声试验系统

超声速冷喷流噪声试验系统由噪声试验台和噪声测量系统两部分组成，噪声试验台主要通过高压气源和输送管路等装置产生一定工作状态下的超声速喷流，从而提供噪声源。噪声测量系统主要通过声传感器、信号放大器和采集软件等设备采集并分析噪声源产生的声压信号。整个噪声试验系统如图 3-1 所示。

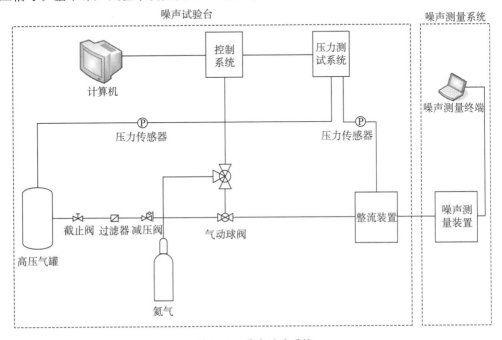

图 3-1 噪声试验系统

### 3.2.1 噪声试验台

噪声试验台由高压气源及输送管路、整流装置两部分组成。高压气源采用 4 MPa 的高压气罐，通过内径 70 mm 的高压输送管路输送至减压阀上游，通过减压阀调整气流到预定工作压力，气动球阀控制输送管路的通气开关，高压气流通过输送管路进入整流装置。整流装置全长 740 mm，分为直筒段、收敛段和喷管段。其中直筒段内径为 100 mm，长680 mm，在 100 mm 处加装蜂窝式整流板，起到均匀气流的作用。在直筒段后通过法兰连接收敛段，长 80 mm，前端内径 100 mm，后端内径 76 mm，使整流装置通气面积缩小，降低喷管上游的流阻。收敛段后连接喷管段，气流流经喷管喉部时发生壅塞，加速至声速，之后膨胀加速到超声速，以设计马赫数流出。在整流装置上布置两个测压点，以检测气流是否在设定的工作压力。整流装置如图 3 - 2 所示。

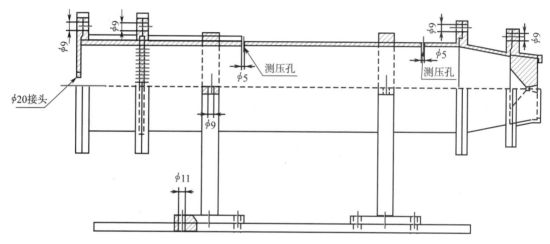

图 3 - 2　整流装置

### 3.2.2 噪声测量系统

超声速喷流噪声具有频带宽、峰值频率高等特点，因此，噪声测量系统必须具有较宽的通频带和较大的动态范围。整个测量系统主要由声传感器、信号放大器、测试前端和数据采集软件四部分组成。

声传感器是将声信号转化为电信号的换能器，是噪声测量系统中最关键的部件，传感器的性能和质量直接影响到测量结果的准确性和可信度。本试验采用金属膜后驻极体电容式声传感器，它具有体积小、精度高、结构牢固、电容量大和输出阻抗低等特点，测试频率范围为 10 Hz～100 kHz，应用环境为自由场。该型声传感器的性能指标见表 3 - 1。

表 3 - 1　声传感器参数

| 型号 | 40BE | 单位 |
|---|---|---|
| 尺寸 | 6.35 | mm（外径） |
| 灵敏度 | 4 | mV/Pa |
| 动态范围 | 40～168 | dB re. 20 μPa |
| 频率范围 | 0.01～100 | kHz |

　　信号放大器的选择原则是保证接收到的信号有效且不失真地进行传输。因此，放大器要具有宽频带、动态范围大、非线性失真小、噪声低、稳定性好等特点。本次试验采用可编程传声器放大器输入模块，该模块具有超低背景噪声特点和滤波功能，最高采样频率可达 200 kHz。

　　测试前端设备具有良好的通程采集功能和实时处理功能。模块化机箱具有 6 个插槽 36 个通道，内置的信号调理使传感器与输入模块直接相连，消除了由多个仪器单元或接线盒等相互连接产生的一系列问题，如交流干扰、噪声干扰、接地回路等。在测量过程中，整个测量链会被连续监视。

　　研究使用的数据采集软件和后处理软件能够提供一套完整的噪声试验解决方案，可以实现高速多通道数据采集与试验、分析处理、电子报告生成。从声传感器的信号调理，到声功率级的直接测量和实时倍频程分析，再到 1/3 倍频程分析监测声场，均可自动处理完成。

### 3.2.3　测点布局

　　如何布置声传感器是能否获取真实有效的测量数据的前提，也是噪声测量试验的一个关键所在。为了提高测试精度和增强系统抗干扰性能，根据实际环境，布置声传感器时，采用国标 GB/T 3767—1996 中推荐的半球形布置方案，按照一定角度和高度进行排列，并且使声传感器阵列的指向对准被测试的喷管出口，以喷管出口为原点，变换距离、高度、角度。在具体布置过程中，声传感器架设在三脚架上，三脚架可实现角度和高度的调节，高度调节范围 0.6～1.8 m。

　　以喷管出口为坐标原点，喷流轴向为 $X$ 轴正方向，喷流径向为 $Y$ 轴正方向，共布置 9 个测点，测点距地面高度均与试验台高度相同，测点布置如图 3 - 3 所示，各测点位置参数见表 3 - 2。

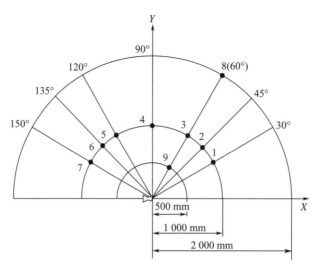

图 3-3　测点布置示意图

**表 3-2　测点位置参数**

| 测点编号 | $X$ /mm | $Y$ /mm | 到喷管距离 $R$ /m | 与喷流轴向夹角 $\theta$ /(°) |
|---|---|---|---|---|
| 1 | 866 | 500 | 1 | 30 |
| 2 | 707 | 707 | 1 | 45 |
| 3 | 500 | 866 | 1 | 60 |
| 4 | 0 | 1 000 | 1 | 90 |
| 5 | −500 | 866 | 1 | 120 |
| 6 | −707 | 707 | 1 | 135 |
| 7 | −866 | 500 | 1 | 150 |
| 8 | 1 000 | 1 732 | 2 | 60 |
| 9 | 250 | 433 | 0.5 | 60 |

## 3.3　单喷管自由喷流试验

单喷管自由喷流试验主要研究不同位置测点的噪声辐射特性，以及喷管出口马赫数及喷流流量（喷管尺寸）对噪声特性的影响。共进行 3 种工况试验，喷管尺寸见表 3-3，喷管内型面如图 3-4 所示。

**表 3-3　单喷管尺寸表**

| 喷管编号 | 喉部直径/mm | 出口直径/mm | 出口马赫数 |
|---|---|---|---|
| 1 | 5 | 6.5 | 2 |
| 2 | 5 | 10.3 | 3 |
| 3 | 10 | 20.6 | 3 |

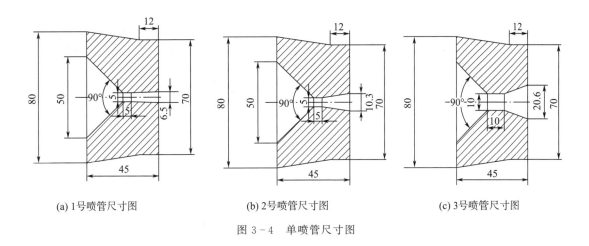

(a) 1号喷管尺寸图　　　　　(b) 2号喷管尺寸图　　　　　(c) 3号喷管尺寸图

图 3 - 4　单喷管尺寸图

### 3.3.1　基本状态研究

在此研究中，首先进行基本状态试验。试验中使用的拉瓦尔喷管出口马赫数为 3，燃烧室总温为 300 K，总压为 1.3 MPa，扩张比为 2，流量为 58 g/s，喷管出口直径 10.3 mm，喉部直径 5 mm。

为验证试验台和测量系统的准确性和稳定性，开展了重复性验证试验，即针对基本状态，先后进行两次相同工况的试验，两次试验的燃烧室建压曲线如图 3 - 5 所示，1～5 号测点噪声特性对比如图 3 - 6 所示。从图中可以看出，两次试验的建压曲线基本吻合，总压均稳定在 1.3 MPa，稳定工作时间为 10 s；噪声频谱基本完全吻合，声压峰值最大误差 1.6 dB，总声压级最大误差 0.4 dB，满足试验精度要求。这说明试验台和测量系统稳定性良好，准确度可信。

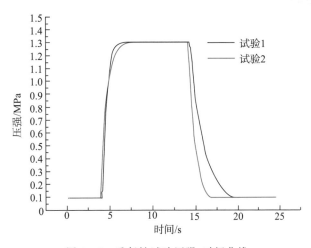

图 3 - 5　重复性试验压强-时间曲线

在此试验中，对于同距离不同角度测点噪声辐射特性，各测点噪声特性参数见表 3 - 4，不同角度测点噪声频谱如图 3 - 7 所示，总声压级和声压峰值变化趋势如图 3 - 8 所示。

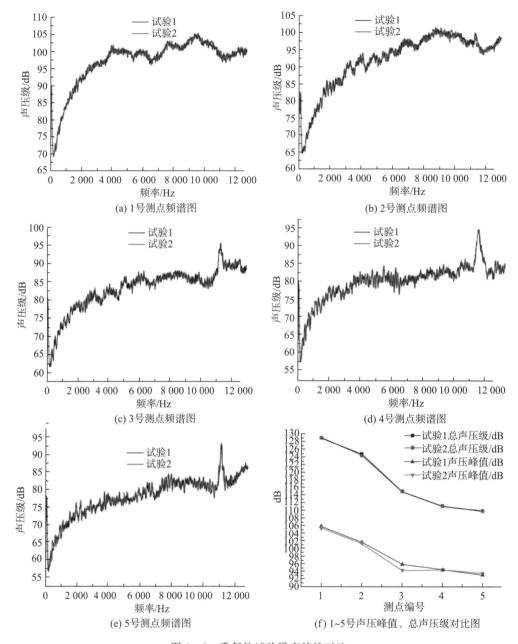

图 3 - 6　重复性试验噪声特性对比

表 3 - 4　不同测点噪声特性

| 测点 | 1 | 2 | 3 | 4 | 5 | 6 | 7 |
|---|---|---|---|---|---|---|---|
| 到喷管出口距离 $R$ /m | 1 | 1 | 1 | 1 | 1 | 1 | 1 |
| 与喷流轴向夹角 $\theta$ /(°) | 30 | 45 | 60 | 90 | 120 | 135 | 150 |
| 总声压级/dB | 128.7 | 124.7 | 114.8 | 111.1 | 109.7 | 112.6 | 112.1 |
| 声压峰值/dB | 105.6 | 101.4 | 95.7 | 94.2 | 92.9 | 100.2 | 98.2 |
| 峰值频率/Hz | 9 616 | 11 150 | 11 150 | 11 150 | 11 150 | 11 150 | 11 150 |

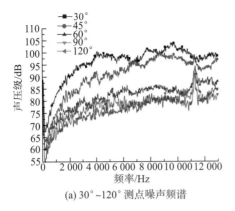
(a) 30°~120°测点噪声频谱

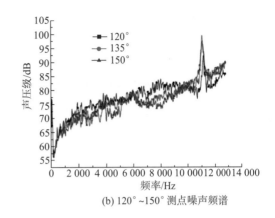
(b) 120°~150°测点噪声频谱

图 3 - 7　不同角度测点噪声频谱

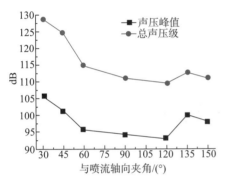

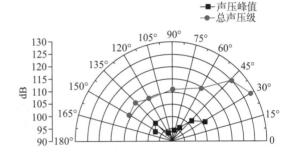

图 3 - 8　总声压级和声压峰值变化趋势

从图 3 - 7 中可以看出，喷流噪声中含有高强度的离散纯音成分，即啸音，啸音幅值对应了噪声的声压峰值，啸音频率即噪声峰值频率，除测点 1 以外，其余各测点的峰值频率（啸音频率）基本一致，稳定在 11 150 Hz 左右。由于测点 1 与喷流轴向夹角为 30°，而啸音主要向喷流上游传播，故测点 1 没有明显的啸音成分，其峰值频率与其余各测点不一致。

从图 3 - 8 中可以看出，喷流噪声声压峰值随喷流轴向夹角的变化。在夹角由 30°逐渐增大到 120°时，声压峰值一直在减小。喷流轴向夹角为 30°时，声压峰值为 105.6 dB，当夹角增大到 120°时，声压峰值最小，为 92.9 dB，比 30°时小了 10 dB 以上。当测点与喷流轴向夹角大于 120°时，即测点位于喷流上游方向时，由于喷流上游是啸音的主要辐射方向，故声压峰值（啸音幅值）不再继续减小，喷流轴向夹角为 135°时声压峰值回升到 100.2 dB，150°时声压级峰值比 135°时略小，为 98.2 dB。由此可知，测点与喷流轴向夹角在 120°左右时声压峰值最小。

从图 3 - 8 中同时可以看出，喷流噪声总声压级随喷流轴向夹角变化规律与声压峰值基本相同，在轴向夹角 30°时最大，为 128.7 dB，在 120°时最小，为 109.7 dB。

由此得出结论，喷流噪声具有很强的指向性，在不同角度处辐射强度和分布规律不尽相同，而峰值频率（啸音频率）基本不变。噪声的辐射特性规律具有重要的物理意义，在进行工程预示时需要依据辐射特性和试验数据来确定方向传递系数，实现噪声的精确预示，具体原理和计算步骤将在噪声的工程预示研究中介绍。

对于同角度不同距离测点噪声衰减特性，以测点 3、8、9 为例，与喷流轴向夹角均为 60°，距喷管出口距离分别为 1 m、2 m、0.5 m。三个测点噪声特性参数见表 3 - 5，噪声频谱如图 3 - 9 所示，总声压级和声压峰值变化趋势如图 3 - 10 所示。

表 3 - 5　不同测点噪声特性

| 测点 | 3 | 8 | 9 |
| --- | --- | --- | --- |
| 到喷管出口距离 $R$ /m | 1 | 2 | 0.5 |
| 与喷流轴向夹角 $\theta$ /(°) | 60 | 60 | 60 |
| 总声压级/dB | 114.8 | 108.5 | 119.1 |
| 声压峰值/dB | 95.7 | 90.3 | 100.5 |
| 峰值频率/Hz | 11 150 | 11 150 | 11 150 |

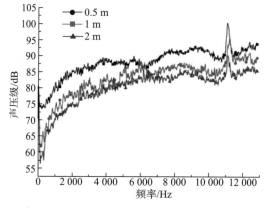

图 3 - 9　不同距离测点噪声频谱

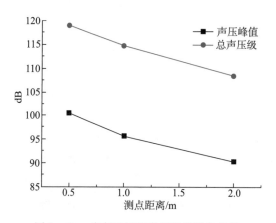

图 3 - 10　总声压级和声压峰值变化趋势

从图 3-9 中可以看出，峰值频率基本稳定在 11 150 Hz 左右，从图 3-10 中可以看出，测点距离从 0.5 m 上升到 2 m，声压峰值从 100.5 dB 下降到 90.3 dB，总声压级从 119.1 dB 下降到 108.5 dB。

由此可见，随着测点距喷管出口距离的增加，噪声不断衰减，声压峰值逐渐减小，峰值频率不变，总声压级降低。

## 3.3.2　出口马赫数对噪声特性影响

针对基本状态，研究喷管出口马赫数对噪声特性的影响。在保持总温、总压、流量不变的前提下，将喷管出口马赫数由 3 调整到 2，即调整喷管膨胀比来实现出口马赫数的调整，具体试验工况见表 3-6。

**表 3-6　不同喷管出口马赫数工况对比**

| 喷管编号 | 喉部直径/mm | 出口直径/mm | 出口马赫数/Ma | 总压/MPa | 总温/K | 流量/(g/s) |
|---|---|---|---|---|---|---|
| 1 | 5 | 6.5 | 2 | 1.3 | 300 | 58 |
| 2 | 5 | 10.3 | 3 | 1.3 | 300 | 58 |

各测点噪声特性参数见表 3-7，不同出口马赫数噪声频谱对比（以测点 3、4 为例）如图 3-11 所示，声压峰值变化规律如图 3-12 所示，总声压级变化规律如图 3-13 所示。由图 3-11 可见，随着喷流马赫数由 3 下降到 2，噪声峰值频率由 11 150 Hz 上升到 11 550 Hz 左右。由于喷管出口马赫数下降，改变了喷管出口的气流速度和雷诺数，导致喷流中的湍流结构和激波结构都会发生显著的变化，而宽频激波噪声是啸音的一种激发源，从而改变了啸音频率（峰值频率）。直观来解释，由于喷管出口直径变小，特征尺寸变小，对应峰值频率上升。

**表 3-7　不同测点噪声特性**

| 测点编号 | 测点角度/(°) | 测点距离/m | 总声压级/dB | | 声压峰值/dB | | 峰值频率/Hz | |
|---|---|---|---|---|---|---|---|---|
| | | | $Ma=3$ | $Ma=2$ | $Ma=3$ | $Ma=2$ | $Ma=3$ | $Ma=2$ |
| 1 | 30 | 1 | 128.7 | 127.8 | 105.6 | 103.6 | 11 150 | 11 550 |
| 2 | 45 | 1 | 124.7 | 123.6 | 101.4 | 101.3 | 11 150 | 11 550 |
| 3 | 60 | 1 | 114.8 | 113.6 | 95.7 | 93.4 | 11 150 | 11 550 |
| 4 | 90 | 1 | 111.1 | 110.1 | 94.2 | 91.6 | 11 150 | 11 550 |
| 5 | 120 | 1 | 109.7 | 109.4 | 92.9 | 92.3 | 11 150 | 11 550 |
| 6 | 135 | 1 | 112.6 | 112.7 | 100.2 | 100.4 | 11 150 | 11 550 |
| 7 | 150 | 1 | 111.1 | 111.1 | 98.2 | 98.1 | 11 150 | 11 550 |
| 8 | 60 | 2 | 108.5 | 107.8 | 90.3 | 88.4 | 11 150 | 11 550 |
| 9 | 60 | 0.5 | 119.1 | 119.1 | 100.5 | 99.6 | 11 150 | 11 550 |

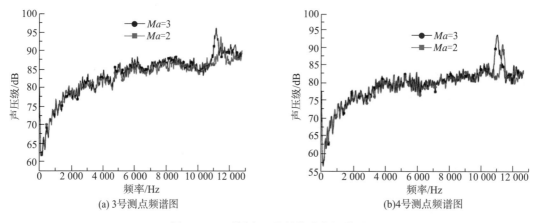

(a) 3号测点频谱图　　　　　　　　(b)4号测点频谱图

图 3-11　不同出口马赫数噪声频谱图

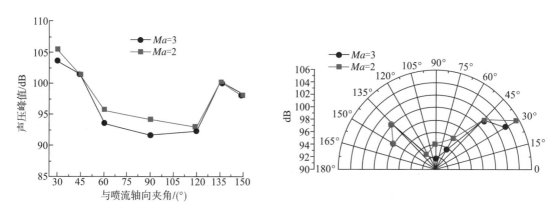

图 3-12　声压峰值变化规律

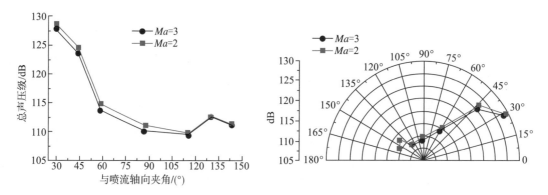

图 3-13　总声压级变化规律

从图 3-12 中可以看出，随着喷管出口马赫数的下降，声压峰值（啸音幅值）下降，在喷流轴向夹角 90°时最大下降 2.6 dB。与峰值频率发生变化原因基本相同，由于喷管出口马赫数的降低，使得喷流中的激波结构发生了改变，喷流的能量降低，声压峰值（啸音幅值）下降。

从图 3-13 中可以看出，随着喷管出口马赫数的下降，总声压级下降，在喷流轴向夹角 90°时最大下降 1.1 dB。由于喷流速度降低，喷流的能量下降，总声压级下降。但因为喷流噪声具有很强的指向性，在不同角度辐射强度不尽相同，故不同角度测点的下降幅度不一致。

由此得出结论，随着喷管出口马赫数的降低，噪声峰值频率上升，声压峰值和总声压级下降。

### 3.3.3　喷流流量对噪声特性影响

针对基本状态，研究喷流流量对噪声特性的影响。在保持总温、总压、出口马赫数不变的前提下，将喷流流量由 58 g/s 提高到 232 g/s，即喷管喉部直径由 5 mm 调整到 10 mm，出口直径由 10.3 mm 调整到 20.6 mm，具体试验工况见表 3-8。

表 3-8　不同喷流流量工况对比

| 喷管编号 | 喉部直径/mm | 出口直径/mm | 出口马赫数/ Ma | 总压/MPa | 总温/K | 流量/(g/s) |
|---|---|---|---|---|---|---|
| 2 | 5 | 10.3 | 3 | 1.3 | 300 | 58 |
| 3 | 10 | 20.6 | 3 | 1.3 | 300 | 232 |

各测点噪声特性参数见表 3-9，不同喷流流量的噪声频谱对比如图 3-14 所示，声压峰值变化规律如图 3-15 所示，总声压级变化规律如图 3-16 所示。

表 3-9　不同测点噪声特性

| 测点编号 | 测点角度/(°) | 测点距离/m | 总声压级/dB | | 声压峰值/dB | | 峰值频率/Hz | |
|---|---|---|---|---|---|---|---|---|
| | | | 58 g/s | 232 g/s | 58 g/s | 232 g/s | 58 g/s | 232 g/s |
| 1 | 30 | 1 | 128.7 | 137.8 | 105.6 | 123.8 | 11 150 | 5 900 |
| 2 | 45 | 1 | 124.7 | 128.7 | 101.4 | 110 | 11 150 | 5 900 |
| 3 | 60 | 1 | 114.8 | 123.2 | 95.7 | 112.3 | 11 150 | 5 900 |
| 4 | 90 | 1 | 111.1 | 119.7 | 94.2 | 101.1 | 11 150 | 5 900 |
| 5 | 120 | 1 | 109.7 | 119.9 | 92.9 | 102.9 | 11 150 | 5 900 |
| 6 | 135 | 1 | 112.6 | 120.6 | 100.2 | 105.3 | 11 150 | 5 900 |
| 7 | 150 | 1 | 111.1 | 119.9 | 98.2 | 105.5 | 11 150 | 5 900 |
| 8 | 60 | 2 | 108.5 | 117.8 | 90.3 | 106.4 | 11 150 | 5 900 |
| 9 | 60 | 0.5 | 119.1 | 129.1 | 100.5 | 112.3 | 11 150 | 5 900 |

从图 3-14 可以看出，随着喷流流量从 58 g/s 增加到 232 g/s，噪声的峰值频率由 11 150 Hz 下降到 5 900 Hz 左右。由于喷管尺寸变大，从而影响到喷管唇口的锁相不稳定波，锁相不稳定波是啸音的主要激励源，因此啸音频率（峰值频率）发生了改变。直观来理解，由于喷管出口直径变大，特征尺寸变大，对应峰值频率下降。

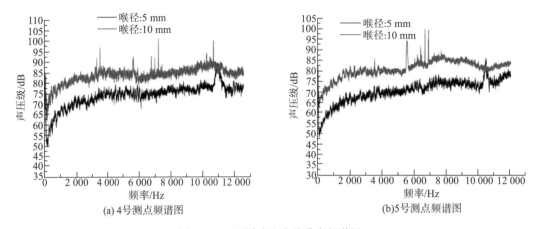

(a) 4号测点频谱图　　　　　　　　　(b) 5号测点频谱图

图 3-14　不同喷流流量噪声频谱图

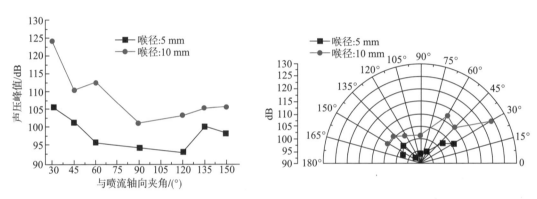

图 3-15　声压峰值变化规律

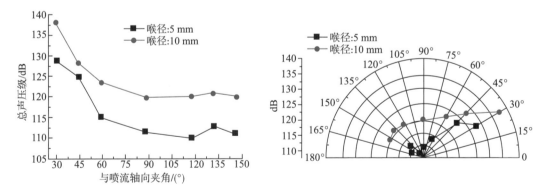

图 3-16　总声压级变化规律

从图 3-15 可以看出，随着喷流流量增大，声压峰值上升，在喷流轴向夹角 60°时最大上升 16.6 dB。由于喷管尺寸增大造成喷流流量上升，喷流能量和声功率随之上升，声压峰值（啸音幅值）上升。

从图 3-16 中可以看出，随着喷流流量增大，总声压级上升，在喷流轴向夹角 120°时最大上升 10.2 dB。由于喷流流量增大，噪声的总声功率上升，总声压级增大。但因为喷流噪声具有很强的指向性，在不同角度辐射强度不尽相同，故不同角度测点的上升幅度不一致。

由此得出结论，随着喷流流量增大，噪声峰值频率下降，声压峰值上升，总声压级上升。

## 3.4　多喷管自由喷流试验

多喷管自由喷流主要研究喷管个数 $n$、喷管间距 $l$ 以及喷管偏角等因素对噪声辐射特性的影响。测点位置与单喷管自由喷流试验状态相同，具体见表 3-2 和图 3-3。

喷管偏角以朝喷流径向向外为正。共进行 8 种工况试验，喷管尺寸见表 3-10，喷管内型面如图 3-17 所示。

表 3-10　多喷管尺寸表

| 喷管编号 | 喷管个数 $n$ | 喷管间距 $l$/mm | 喷管偏角/(°) | 喷管喉径/mm | 出口马赫数 |
|---|---|---|---|---|---|
| 4 | 2 | 25 | 0 | 5 | 3 |
| 5 | 2 | 30 | 0 | 5 | 3 |
| 6 | 2 | 35 | 0 | 5 | 3 |
| 7 | 3 | 25 | 0 | 5 | 3 |
| 8 | 4 | 25 | 0 | 5 | 3 |
| 9 | 2 | 30 | −5 | 5 | 3 |
| 10 | 2 | 30 | 5 | 5 | 3 |
| 11 | 2 | 30 | 10 | 5 | 3 |

### 3.4.1　喷管个数对噪声特性影响

以单喷管自由喷流基本状态研究中使用的喷管（2 号喷管）为基本喷管，在保证总压、总温、出口马赫数和喷管尺寸不变的前提下，配置喷管个数 $n$ 分别为 2、3、4 个，喷管间距为 25 mm，具体工况对比见表 3-11。

表 3-11　不同喷管个数工况对比

| 喷管编号 | 喉部直径/mm | 出口马赫数/$Ma$ | 喷管间距/mm | 总压/MPa | 总温/K | 喷管个数 $n$ | 流量/(g/s) |
|---|---|---|---|---|---|---|---|
| 2 | 5 | 3 | — | 1.3 | 300 | 1 | 58 |
| 4 | 5 | 3 | 25 | 1.3 | 300 | 2 | 116 |
| 7 | 5 | 3 | 25 | 1.3 | 300 | 3 | 174 |
| 8 | 5 | 3 | 25 | 1.3 | 300 | 4 | 232 |

各测点噪声特性参数见表 3-12，不同喷管个数噪声频谱对比如图 3-18 所示，声压峰值变化规律如图 3-19 所示，总声压级变化规律如图 3-20 所示。

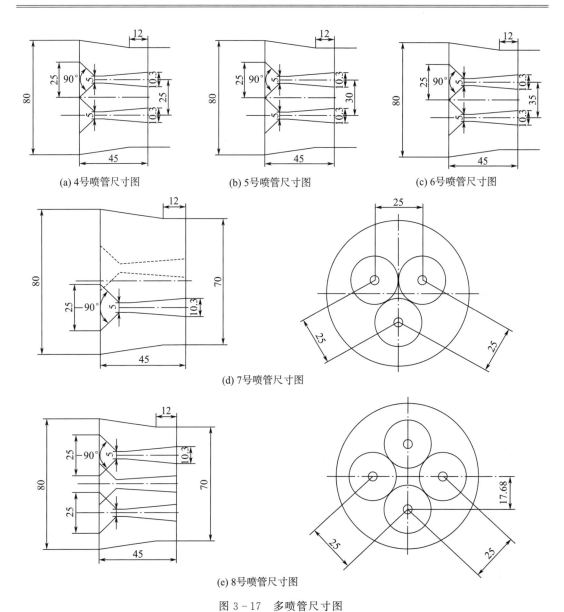

(a) 4号喷管尺寸图　　　　(b) 5号喷管尺寸图　　　　(c) 6号喷管尺寸图

(d) 7号喷管尺寸图

(e) 8号喷管尺寸图

图 3-17　多喷管尺寸图

表 3-12　不同测点噪声特性

| 测点编号 | 测点角度/(°) | 测点距离/m | 总声压级/dB | | | | 声压峰值/dB | | | |
|---|---|---|---|---|---|---|---|---|---|---|
| | | | 1 | 2 | 3 | 4 | 1 | 2 | 3 | 4 |
| 1 | 30 | 1 | 128.7 | 135.9 | 138.4 | 140.8 | 105.6 | 132.4 | 134.1 | 133.9 |
| 2 | 45 | 1 | 124.7 | 133.5 | 136.4 | 136.5 | 101.4 | 130.3 | 132.2 | 123.5 |
| 3 | 60 | 1 | 114.8 | 124.8 | 129.4 | 129.9 | 95.7 | 121 | 125.2 | 122.1 |
| 4 | 90 | 1 | 111.1 | 119.3 | 123.9 | 124.3 | 94.2 | 115.5 | 119.3 | 113.4 |
| 5 | 120 | 1 | 109.7 | 120.5 | 123.9 | 125.2 | 92.9 | 113 | 119.4 | 117.7 |

**续表**

| 测点编号 | 测点角度/(°) | 测点距离/m | 总声压级/dB | | | | 声压峰值/dB | | | |
|---|---|---|---|---|---|---|---|---|---|---|
| | | | 1 | 2 | 3 | 4 | 1 | 2 | 3 | 4 |
| 6 | 135 | 1 | 112.6 | 124.4 | 127.4 | 129.5 | 100.2 | 124.1 | 123 | 123.6 |
| 7 | 150 | 1 | 112.1 | 120.4 | 124.6 | 127.2 | 98.2 | 119.9 | 118.3 | 121.9 |
| 8 | 60 | 2 | 108.5 | 118.8 | 123.3 | 123.4 | 90.3 | 115.6 | 119.8 | 116.7 |
| 9 | 60 | 0.5 | 119.1 | 130.1 | 135.5 | 135.6 | 100.5 | 125.9 | 130.4 | 128.4 |

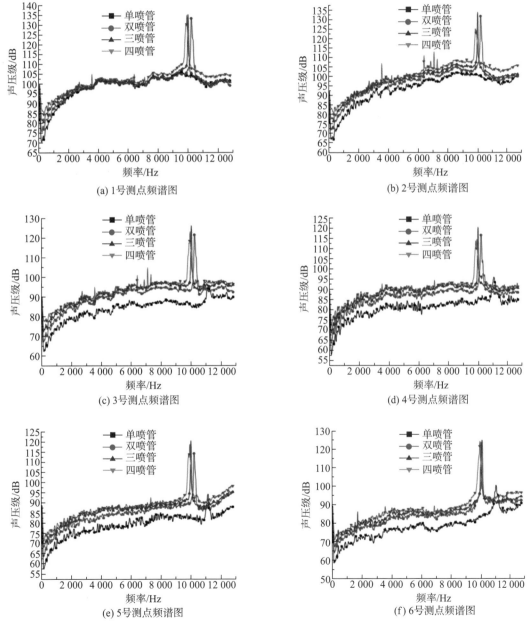

图 3-18　不同喷管个数噪声频谱图

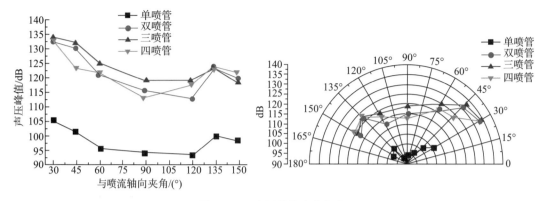

图 3-19　声压峰值变化规律

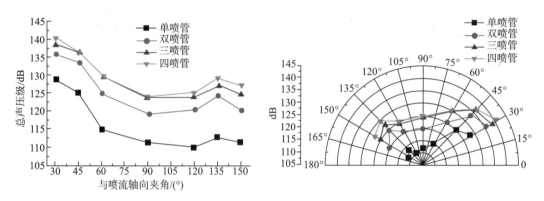

图 3-20　总声压级变化规律

以测点1~6为例，从图3-18中可以看出，其中喷管个数从1个增加到4个，对应峰值频率分别为11 150 Hz、10 256 Hz、10 016 Hz、9 952 Hz。由于多喷管间的喷流掺混作用改变了流场结构，进而使噪声峰值频率发生变化。

从图3-19中可以看出，声压峰值随着喷管个数的增加而上升，从单喷管到双喷管声压峰值明显上升，在喷流轴向夹角为45°时最大上升28.9 dB；从双喷管到三喷管声压峰值上升，最大上升6.4 dB；而从三喷管到四喷管声压峰值却呈现下降态势，在喷流轴向夹角45°时最大下降8.7 dB。分析这种现象产生的原因，在于喷管个数的增加，导致喷流的能量上升，从而声压峰值（啸音幅值）上升，而当喷流能量增大到一定范围后，对声压峰值（啸音幅值）的贡献不再继续增大。相反，由于多喷管间的喷流干扰与遮蔽效应随着喷管个数的增加而不断增强，造成了声压峰值（啸音幅值）的下降。由此可见，声压峰值（啸音幅值）并不完全随着喷管个数的增加而增大。

从图3-20中可以看出，总声压级随着喷管个数的增加而上升，从单喷管到双喷管明显上升，在喷流轴向夹角135°时最大上升11.8 dB；从双喷管到三喷管总声压级上升，最大上升4.6 dB；从三喷管到四喷管总声压级上升，最大上升2.4 dB。由于喷管个数增加，喷流的总能量上升，故噪声总声压级上升，而多喷管间存在喷流掺混和噪声遮蔽效应，使得各测点的噪声总声压级变化并不是简单的线性增长。定量分析喷管个数对总声压级的影响，喷管个数从 1 增加到 $n$，对应喷流流量增大 $n$ 倍，喷流能量增大 $n$ 倍，噪声增大 $10\lg n$，当 $n = 2$、3、4 时，对应总声压级分别增加 3 dB、4.7 dB、6 dB。对比试验结果，总声压级分别增加 9 dB、12 dB、13 dB 左右，远大于理论结果。分析这种现象产生的原因，由于多喷管状态喷管间距为 25 mm，两股喷流发生掺混，声源发生耦合，从而增大噪声量级，造成测量结果总声压级上升幅度偏高。

针对试验结果拟合公式，多喷管喷流噪声总声压级

$$SPL_n = SPL_1 + 10\lg n + \Delta_{个数修正}$$

$$\Delta_{个数修正} = -\frac{6}{10\ 000}n^6 + \frac{3}{500}n^5 - 0.13n^4 + 1.4n^3 - 7.9n^2 + 21.7n - 15$$

式中　$n$——喷管个数；

　　　$SPL_1$——单喷管自由喷流总声压级。

由此得出结论，随着喷管个数的增加，噪声的峰值频率下降，总声压级上升，声压峰值上升。但当喷管个数 $n$ 大于 4 时，喷流干扰和噪声遮蔽效应上升，声压峰值反而下降。

### 3.4.2　喷管间距对噪声特性影响

以单喷管自由喷流基本状态研究中使用的喷管为基本喷管，在保证总压、总温、出口马赫数和喷管尺寸不变的前提下，配置喷管个数为 2 个，喷管间距 $l$ 分别为 25 mm、30 mm、35 mm，具体工况对比见表 3 - 13。

表 3 - 13　不同喷管间距工况对比

| 喷管编号 | 喷管间距 $l$/mm | 喉部直径/mm | 出口马赫数/$Ma$ | 总温/K | 总压/MPa | 喷管个数 $n$ | 流量/(g/s) |
|---|---|---|---|---|---|---|---|
| 4 | 25 | 5 | 3 | 300 | 1.3 | 2 | 116 |
| 5 | 30 | 5 | 3 | 300 | 1.3 | 2 | 116 |
| 6 | 35 | 5 | 3 | 300 | 1.3 | 2 | 116 |

各测点噪声特性参数见表 3 - 14，不同喷管间距噪声频谱对比如图 3 - 21 所示，声压峰值变化规律如图 3 - 22 所示，总声压级变化规律如图 3 - 23 所示。

表 3 - 14　不同测点噪声特性

| 测点编号 | 测点角度/(°) | 测点距离/m | 总声压级/dB | | | 声压峰值/dB | | |
|---|---|---|---|---|---|---|---|---|
| | | | 25 mm | 30 mm | 35 mm | 25 mm | 30 mm | 35 mm |
| 1 | 30 | 1 | 135.9 | 134.1 | 129.2 | 132.4 | 131.1 | 105.8 |
| 2 | 45 | 1 | 133.5 | 131.5 | 125.9 | 130.3 | 124.7 | 104.6 |
| 3 | 60 | 1 | 124.8 | 123 | 116.9 | 121 | 119.7 | 96.6 |
| 4 | 90 | 1 | 119.3 | 117.5 | 113.1 | 115.5 | 110.8 | 92.7 |
| 5 | 120 | 1 | 120.5 | 118.5 | 113.3 | 113 | 110 | 93 |
| 6 | 135 | 1 | 124.4 | 122 | 114.8 | 124.1 | 120.6 | 100.1 |

**续表**

| 测点编号 | 测点角度/(°) | 测点距离/m | 总声压级/dB | | | 声压峰值/dB | | |
|---|---|---|---|---|---|---|---|---|
| | | | 25 mm | 30 mm | 35 mm | 25 mm | 30 mm | 35 mm |
| 7 | 150 | 1 | 120.4 | 121.4 | 116.7 | 119.9 | 119.9 | 103.3 |
| 8 | 60 | 2 | 118.8 | 117.5 | 111.5 | 115.6 | 113.2 | 90.2 |
| 9 | 60 | 0.5 | 130.1 | 129.6 | 123.2 | 125.9 | 124.9 | 103.1 |

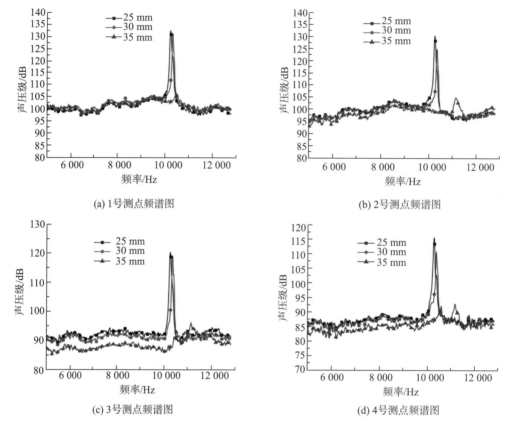

(a) 1号测点频谱图

(b) 2号测点频谱图

(c) 3号测点频谱图

(d) 4号测点频谱图

图 3-21　不同喷管间距噪声频谱图

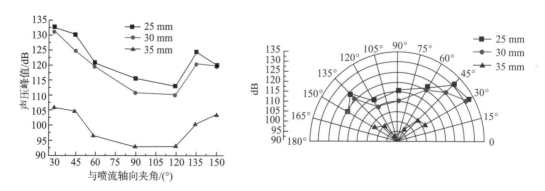

图 3-22　声压峰值变化规律

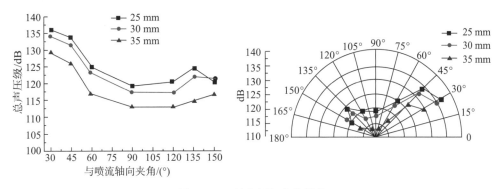

图 3 - 23 总声压级变化规律

以测点 1～4 为例，由图 3 - 21 可见，当喷管间距从 25 mm（2.5$d_e$）增大到 30 mm（3.0$d_e$）再到 35 mm（3.5$d_e$）时，噪声峰值频率分别为 10 256 Hz、10 352 Hz、11 136 Hz。考虑喷流间的掺混和遮蔽效应，当喷管间距为 25 mm 时，两个喷管的喷流发生掺混，声源发生耦合，此时喷流噪声为掺混后喷流的噪声，掺混后喷流的等效面积大于单个喷管的出口面积，特征尺寸大，频率低。当喷管间距上升到 30 mm 时，喷流间掺混和声源耦合效应变弱，掺混喷流等效面积减小，特征尺寸减小，峰值频率上升。当喷管间距上升到 35 mm 时，几乎没有发生喷流掺混，喷流噪声可看作两个单喷管喷流噪声的叠加，对应的噪声峰值频率接近于单喷管基本自由喷流状态的峰值频率，特征尺寸小，频率高。

从图 3 - 22 中可以看出，随着喷管间距的增大，声压峰值逐渐下降。当喷管间距从 25 mm 增加到 30 mm 时，声压峰值最大下降 5.6 dB；喷管间距从 30 mm 增加到 35 mm 时，声压峰值明显下降，最大下降 20.5 dB。与峰值频率变化的原因基本相同，随着喷管间距的增大，喷流掺混效应和声源耦合作用逐渐减弱，声压峰值逐渐下降，趋向于两个单喷管的叠加状态。

从图 3 - 23 中可以看出，随着喷管间距的增大，总声压级逐渐下降。当喷管间距从 25 mm 增加到 30 mm 时，总声压级最大下降 2 dB；喷管间距从 30 mm 增加到 35 mm 时，总声压级明显下降，最大下降 7.2 dB。与声压峰值变化的原因基本相同，随着喷管间距的增大，喷流掺混效应和声源耦合作用逐渐减弱，总声压级下降。对比单喷管基本状态和间距为 35 mm 的双喷管状态，总声压级相差 3 dB 左右，满足 10lg2＝3 dB 的关系，证明喷管间距为 35 mm 时，几乎没有发生喷流掺混和声源耦合作用。

根据试验结果拟合公式，得到总声压级随喷管间距的变化关系

$$SPL_n = \begin{cases} SPL_1 + 10\lg n + \Delta_{个数修正} + \Delta_{间距修正}, s \leqslant 3.5 \\ SPL_1 + 10\lg n, s > 3.5 \end{cases}$$

（3 - 2）

$$\Delta_{个数修正} = -\frac{6}{10\ 000}n^6 + \frac{3}{500}n^5 - 0.13n^4 + 1.4n^3 - 7.9n^2 + 21.7n - 15$$

$$\Delta_{间距修正} = -0.7s^5 + 7.3s^4 - 28.3s^3 + 52.9s^2 - 48.3s + 17.8$$

式中　$n$——喷管个数；

$s$ ——归一化喷管间距，$s = l/d_e$；

$SPL_1$——单喷管自由喷流总声压级。

由此得出结论，随着喷管间距的增大，噪声峰值频率上升，声压峰值下降，总声压级下降，尤其是当喷管间距达到 35 mm（$3.5d_e$）时，喷流掺混和声源耦合作用基本消失，声压峰值和总声压级明显下降。

### 3.4.3 喷管偏角对噪声特性影响

以单喷管自由喷流基本状态研究中使用的喷管为基本喷管，在保证总压、总温、出口马赫数和喷管尺寸不变的前提下，配置喷管个数为 2 个，喷管间距为 30 mm，配置喷管偏角分别为 −5°、5°、10°（以朝喷流径向向外为正），具体工况对比见表 3 − 15。

表 3 − 15 不同喷管偏角工况对比

| 喷管编号 | 喷管偏角/(°) | 喷管间距 $l$/mm | 喉部直径/mm | 总温/K | 出口马赫数/$Ma$ | 总压/MPa | 喷管个数 $n$ |
|---|---|---|---|---|---|---|---|
| 9 | −5 | 30 | 5 | 300 | 3 | 1.3 | 2 |
| 10 | 5 | 30 | 5 | 300 | 3 | 1.3 | 2 |
| 11 | 10 | 30 | 5 | 300 | 3 | 1.3 | 2 |

各测点噪声特性参数见表 3 − 16，不同喷管偏角噪声频谱对比如图 3 − 24 所示，声压峰值变化规律如图 3 − 25 所示，总声压级变化规律如图 3 − 26 所示。

表 3 − 16 不同测点噪声特性

| 测点编号 | 测点角度/(°) | 测点距离/m | 总声压级/dB | | | 声压峰值/dB | | |
|---|---|---|---|---|---|---|---|---|
| | | | −5° | 5° | 10° | −5° | 5° | 10° |
| 1 | 30 | 1 | 130 | 130.4 | 131.2 | 117.9 | 114.5 | 118.5 |
| 2 | 45 | 1 | 125.6 | 124.5 | 126.6 | 116.4 | 113.1 | 110.8 |
| 3 | 60 | 1 | 118 | 122.1 | 118.2 | 106.4 | 116.8 | 107.1 |
| 4 | 90 | 1 | 115.6 | 119.6 | 116.7 | 105.1 | 114.2 | 108 |
| 5 | 120 | 1 | 116.1 | 118.9 | 117.1 | 106.5 | 113.2 | 109.5 |
| 6 | 135 | 1 | 121.8 | 116.5 | 118.7 | 115 | 107.6 | 110.6 |
| 7 | 150 | 1 | 128.2 | 123.7 | 119 | 121.7 | 118.6 | 109.9 |
| 8 | 60 | 2 | 112.9 | 116 | 111.8 | 100.1 | 110.1 | 101.5 |
| 9 | 60 | 0.5 | 123.4 | 128.9 | 123.9 | 111.1 | 122.9 | 112.4 |

以测点 1~4 为例，由图 3 − 24 可见，当喷管偏角从 −5° 增大到 5° 再到 10° 时，对应噪声峰值频率分别为 10 304 Hz、10 816 Hz、10 896 Hz。考虑喷流的掺混和遮蔽效应，由于喷管偏角增大，喷流间的掺混作用逐渐减弱，对应的等效喷管直径变小，峰值频率上升。

从图 3 − 25 中可以看出，在喷流轴向夹角为 60°~120° 时，声压峰值随喷管偏角的变化规律较明显。当喷管偏角从 −5° 上升到 5° 时，声压峰值升高，最大上升 10.4 dB；当喷管偏角从 5° 上升到 10° 时，声压峰值下降，最大降低 9.7 dB。当喷管偏角为 −5° 时，喷流

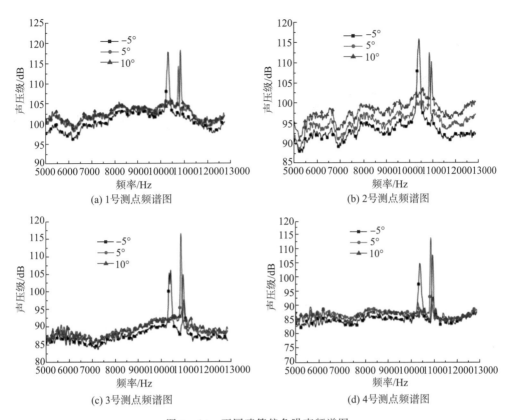

图 3-24　不同喷管偏角噪声频谱图

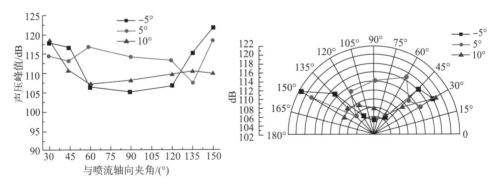

图 3-25　声压峰值变化规律

掺混作用十分剧烈，喷流轴向夹角 135°和 150°测点处的声压峰值明显升高。除喷流掺混作用外，喷管偏角对喷流噪声辐射特性规律也构成了影响，从而使得不同角度测点声压峰值随喷管偏角变化规律相差较大。

从图 3-26 中可以看出，在喷流轴向夹角为 60°~120°时，总声压级随喷管偏角的变化规律较为明显。当喷管偏角从-5°上升到 5°时，总声压级升高，最大上升 4.1 dB；当喷管偏角从 5°上升到 10°时，总声压级下降，最大降低 3.9dB。当喷管偏角为-5°时，喷流掺混作用十分剧烈，喷流轴向夹角 135°和 150°测点处的总声压级明显升高。除喷流掺混作用

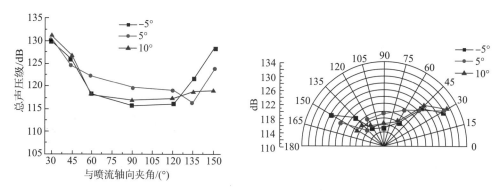

图 3-26　总声压级变化规律

外，喷管偏角对喷流噪声辐射特性规律也构成了影响，从而使得不同角度测点总声压级随喷管偏角变化规律相差较大。

由此得出结论，随着喷管偏角增大，峰值频率上升；在喷流轴向夹角为 60°~120° 时，声压峰值和总声压级先升后降；当喷管偏角为 -5° 时，喷流掺混作用剧烈，从而改变了噪声的辐射特性和分布规律，使得喷流轴向夹角 135° 和 150° 测点处的声压峰值和总声压级明显升高。

## 3.5　挡板遮挡喷流试验

挡板遮挡喷流主要研究挡板距离 $L$、挡板偏角 $b$ 对噪声特性的影响，挡板距离 $L$ 为挡板中心旋转点距喷管出口的轴向距离，挡板偏角 $b$ 为挡板与喷流轴向夹角，试验状态如图 3-27 所示。

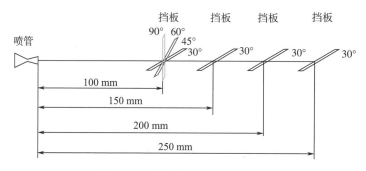

图 3-27　挡板遮挡喷流试验状态

以单喷管自由喷流基本状态研究中使用的喷管为基本喷管，在保证总压、总温、出口马赫数和喷管尺寸不变的前提下，调节挡板的位置和偏角开展研究。

测点位置与单喷管自由喷流试验状态基本相同，具体见表 3-2 和图 3-3。其中 9 号测点距离喷管出口距离最近，为 0.5 m，气流会直接冲击到声传感器表面，不但会影响测量的准确性，而且可能会超过传感器的测试范围，对传感器造成损伤，故去掉 9 号测点。

### 3.5.1　挡板距离对噪声特性影响

保持挡板偏角（$b = 30°$）不变，改变挡板到喷管出口的距离，挡板距离 $L$ 分别为 100 mm、150 mm、200 mm、250 mm。

不同于自由喷流试验的分析思路和分析方法，挡板遮挡喷流会对噪声辐射特性和频谱产生显著影响，若仍采用傅氏谱分析每个测点变化规律，工作量过于繁杂，且难以分析出挡板对噪声频谱的影响。故先分析各测点总声压级随挡板距离的变化趋势，选取较为典型的测点，再通过采用三分之一倍频程分析其声压谱。

各测点总声压级见表 3-17，各测点总声压级变化规律如图 3-28 所示。可以看出，挡板遮挡喷流状态明显改变了噪声辐射特性规律，喷流上游测点（测点 4、5、6、7）总声压级明显升高，测点 4 总声压级升高尤其明显。分析这种现象产生的原因，挡板的扰流作用使喷流与上游测点距离变小、夹角变小，根据喷流噪声的指向性和衰减特性，距离越小、夹角越小，总声压级越高。而挡板距离为 200 mm、250 mm 时，喷流距离测点 2、3 更近、夹角更小，总声压级却低于测点 4，可能是由于声反射效应造成的。

表 3-17　各测点总声压级

| 测点编号 | 总声压级/dB | | | | |
| --- | --- | --- | --- | --- | --- |
| | 挡板距离 $L$/mm | | | | |
| | 无挡板状态 | 100 | 150 | 200 | 250 |
| 1 | 128.7 | 125.4 | 126.0 | 134.1 | 129.6 |
| 2 | 124.7 | 131.0 | 132.4 | 129.2 | 125.1 |
| 3 | 114.8 | 130.9 | 131.3 | 127.0 | 120.5 |
| 4 | 111.1 | 127.7 | 130.4 | 130.5 | 125.4 |
| 5 | 109.7 | 121.5 | 122.1 | 122.7 | 118.2 |
| 6 | 112.6 | 122.2 | 122.8 | 122.2 | 117.7 |
| 7 | 112.1 | 120.3 | 120.6 | 120.6 | 115.8 |

从图 3-28 中还可以看出，测点 1 在挡板距离为 100 mm、150 mm 时总声压级低于无挡板状态。分析这种现象产生的原因，经挡板扰流后的喷流（下游喷流）沿挡板偏转方向向下游传播，在挡板距离为 100 mm、150 mm 时，下游喷流轴向与测点 1 轴向基本重合，喷流从测点 1 表面流过，对测点 1 产生了遮蔽效应，使其难以敏感未经挡板绕流的自由喷流（上游喷流）噪声，总声压级下降，当挡板距离上升到 200 mm、250 mm，下游喷流距测点 1 距离增大，遮蔽效应减弱甚至消失，测点 1 总声压级高于无挡板状态。

从图 3-28 (f) 中可以看出，测点 1 和测点 4 随着挡板距离的增加噪声先升高后降低，变化幅度较大，相比于其他测点更具有代表性。采用三分之一倍频程分析测点 1、4 在不同挡板距离下的声压谱，如图 3-29 所示。

从图 3-29 (a) 中可以看出，对于测点 1，低频段声压级较高。由于挡板与喷流轴向夹角为 30°，而测点 1 与喷流轴向夹角也为 30°，经挡板扰动后的喷流（下游喷流）与测点

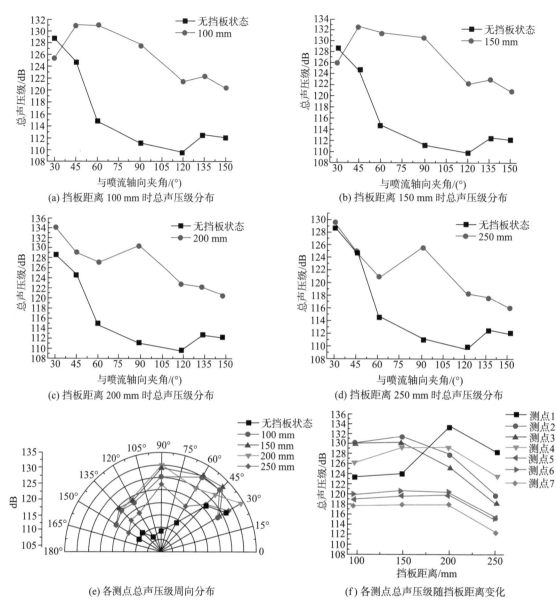

图 3-28　1～7 号测点总声压级变化规律

1 距离最近、夹角最小，而下游喷流噪声主要是大尺度湍流混合噪声，频率低，故测点 1 低频段声压较高。而且可以看出，随着挡板距离的增加，下游喷流距测点 1 越来越远，故低频段声压越来越小。随着挡板距离的增加，未经挡板扰动的自由喷流（上游喷流）变长，对应的宽频激波噪声、小尺度湍流混合噪声强度增大，高频段声压升高，在挡板距离 200 mm 时最大，在挡板距离 250 mm 时反而下降。测点 1 总声压级在 200 mm 时达到最高的 134.1 dB。

从图 3-29（b）中可以看出，对于测点 4，与测点 1 类似，随着挡板距离的增加，下游喷流距离测点越来越远，1 000 Hz 以下低频段声压级逐渐变小。1 000 Hz 以上声压级随着挡板距离的增加先增大后减小，在挡板距离 200 mm 时最大，在挡板距离 250 mm 时反而下降，测点 4 总声压级在 200 mm 时达到最高的 130.5 dB。

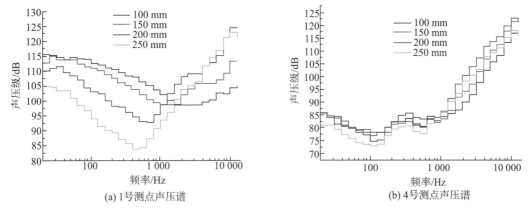

(a) 1号测点声压谱      (b) 4号测点声压谱

图 3 - 29 不同挡板距离噪声声压谱

由于测点 1、4 均在挡板距离为 200 mm 时总声压级达到最高，故分析挡板距离为 200 mm 时对应的各测点的噪声特性，如图 3 - 30 所示。对于 200 Hz 以下低频段声压，主要由下游喷流产生。由于测点 1 距下游喷流距离最近、夹角最小，低频段声压级最高；测点 2、3 随着下游喷流距离和夹角增大，低频段声压级逐渐下降；测点 4、5 由于声反射效应导致低频段声压级升高，但基本与测点 2、3 相同；测点 6、7 距离下游喷流较远，夹角较大，故低频段声压级较低。对于 1 000 Hz 以上高频段声压，主要由上游喷流产生，测点 1 与上游喷流夹角最小，而测点 2、3 高频段声压级最大，这是声反射效应导致的，其余测点高频段声压级随着与上游喷流轴向夹角的增大而逐渐减小。

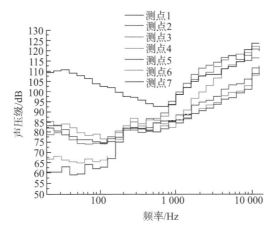

图 3 - 30 挡板距离 200 mm 时各测点声压谱

由此可见，挡板扰流作用和声反射效应改变了噪声的辐射特性，显著增大了噪声量级。对于喷流上游测点（测点 4、5、6、7），挡板距离越远，噪声量级越低，且挡板距离大于 200 mm（20$d_e$）后噪声量级明显下降。超声速喷流噪声起支配作用的声源区域大概

位于喷管下游 $20d_e$ 处，挡板距离大于 200 mm（$20d_e$）时，这部分噪声源不再受挡板扰动，处于自由喷流区域，与测点夹角骤然变大，对应声压级下降。

### 3.5.2 挡板偏角对噪声特性影响

保持挡板距离 $L$ 不变（100 mm），改变挡板与喷流轴向夹角，挡板偏角 $b$ 分别为 30°、45°、60°、75°。

各测点总声压级见表 3-18，各测点总声压级变化规律如图 3-31 所示。从图中可以看出，挡板偏角的变化显著影响了噪声的辐射特性，其中喷流上游测点（测点 4、5、6、7）总声压级明显升高。分析这种现象产生的原因，挡板的绕流作用使喷流与上游测点距离变小、夹角变小，根据喷流噪声的指向性和衰减特性，距离越小，夹角越小，总声压级越高。而在挡板偏角为 75°时，测点 4 距喷流更近、夹角更小，总声压级却小于测点 5、6，可能是由于声反射效应造成的。

表 3-18 各测点总声压级

| 测点编号 | 总声压级/dB | | | | |
| --- | --- | --- | --- | --- | --- |
| | 挡板偏角 $b$ /(°) | | | | |
| | 无挡板状态 | 30 | 45 | 60 | 75 |
| 1 | 128.7 | 125.4 | 119.2 | 115.0 | 112.0 |
| 2 | 124.7 | 131.0 | 123.0 | 117.5 | 115.8 |
| 3 | 114.8 | 130.9 | 131.7 | 120.4 | 115.4 |
| 4 | 111.1 | 127.7 | 130.6 | 132.6 | 128.7 |
| 5 | 109.7 | 121.5 | 128.6 | 128.9 | 131.4 |
| 6 | 128.7 | 122.2 | 122.1 | 128.5 | 130.9 |
| 7 | 124.7 | 120.3 | 118.8 | 124.6 | 128.4 |

从图 3-31 中还可以看出，喷流下游测点（测点 1、2、3）出现了总声压级小于无挡板状态的情况，由于随着挡板偏角的增大，下游测点逐渐被挡板遮挡。

从图 3-31（f）可以看出。测点 1、2、3 随着挡板偏角的增大逐渐被挡板遮挡住，故总声压级逐渐下降。测点 4、5、6、7 随着挡板偏角的增大，挡板扰动后喷流（下游喷流）与测点距离和夹角逐渐减小，声反射效应逐渐上升，故总声压级逐渐增大。由于测点 1、2、3 随着挡板偏角的增大而被遮挡，不具有代表意义，故主要分析喷流上游测点（测点 4、5、6、7）在不同挡板偏角下的声压谱。

以测点 4、5 为例，分析挡板角度对声压谱的影响，如图 3-32 所示。1 000 Hz 以下低频段声压级随着挡板偏角的增大逐渐减小，低频段噪声主要由挡板扰动后喷流（下游喷流）产生。按照喷流噪声的指向性和衰减特性，随着挡板偏角的增大，下游喷流与测点 4、5 距离和夹角均变小，低频段声压应上升，而此时低频段声压级的变化规律显然与经典理论相违背。分析这种现象产生的原因，由于挡板偏角的增大，喷流冲击挡板的动能损失逐渐增大，下游喷流能量降低，噪声量级也随之下降。而随着挡板偏角的增大，1 000 Hz 以

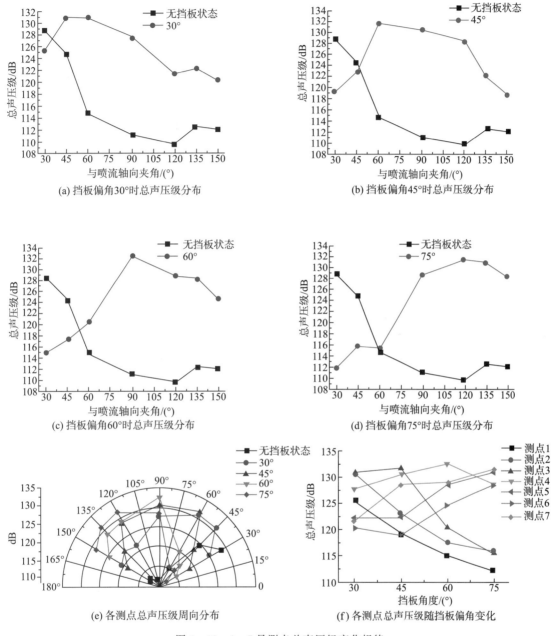

图 3-31　1～7 号测点总声压级变化规律

上高频段声压逐渐上升，高频段噪声主要由未经挡板扰动的自由喷流（上游喷流）产生，此时挡板距离不变，上游喷流长度和能量并未增加，而随着挡板偏角不断增大，挡板对上游测点的声反射效应逐渐增大，高频段声压级上升；另有位于喷流下游 $20d_e$ 处的支配声源，此时这部分喷流位于挡板上，随着挡板偏角增大，与测点距离降低、夹角变小，对应声压级上升。

　　由此可见，随着挡板偏角的增大，声反射效应加剧，喷流上游测点总声压级显著上

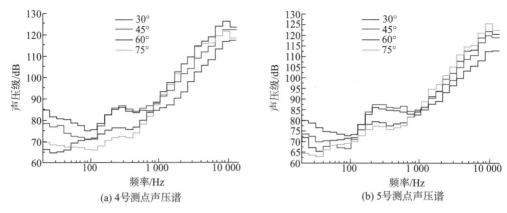

图 3-32　不同挡板偏角噪声声压谱

升，噪声环境更为恶劣。在进行导流槽设计时，可适当减小导流槽进口斜面角度，以降低喷流上游的噪声量级。

综合考量声反射效应的影响，挡板偏角对声反射效应影响巨大，声反射效应显著增加了噪声总声压级，对自由喷流产生的高频段声压有较大影响，而由于试验状态混入了噪声指向性和衰减特性的影响，无法定量分析声反射效应对噪声特性的影响，为体现声反射效应对噪声特性的影响，将在第6章的工程预示研究中建立计算模型。

## 3.6　导流槽遮挡喷流试验研究

导流槽遮挡喷流试验是模拟发射状态下的噪声环境，研究导流槽距离 $M$ 对噪声特性的影响，导流槽距离为导流槽进口斜面距喷管出口的轴向距离，通过导流槽距喷管出口距离的改变来模拟火箭飞行过程的不同高度。选用2号单喷管、4号双喷管，进行6种工况试验。

### 3.6.1　试验工况及测点布置

#### 3.6.1.1　试验工况

试验工况安排见表 3-19。

表 3-19　导流槽遮挡喷流试验工况表

| 喷管编号 | 喷管个数 $n$ | 出口马赫数/ $Ma$ | 导流槽距离 $M$ /mm | 流量/(g/s) | 总压/MPa | 总温/K |
|---|---|---|---|---|---|---|
| 2 | 1 | 3 | 100 | 58 | 1.3 | 300 |
| 2 | 1 | 3 | 150 | 58 | 1.3 | 300 |
| 2 | 1 | 3 | 200 | 58 | 1.3 | 300 |
| 4 | 2 | 3 | 100 | 116 | 1.3 | 300 |
| 4 | 2 | 3 | 150 | 116 | 1.3 | 300 |
| 4 | 2 | 3 | 200 | 116 | 1.3 | 300 |

3.6.1.2　测点布置

由于导流槽遮挡喷流是模拟真实发射条件下的噪声环境，研究不同飞行高度对噪声特性的影响，若继续采用国标 GB/T 3767—1996 中的半球形布置方案，会有一部分声传感器被导流槽遮挡，一部分传感器位于导流槽下方（即对应真实发射状态传感器在地下），这样的测量结果不具有很强的物理意义和工程实用价值。故测点布置时在导流槽入口和出口附近共布置 5 个测点，测点示意图如图 3-33 所示，分别观测导流槽入口噪声、导流槽出口噪声在导流槽距离改变时各自的变化规律。以喷管出口为坐标原点，喷流轴向为 $X$ 轴，喷流径向为 $Y$ 轴，5 个测点的位置参数见表 3-20。其中测点 2、5 关于 $X$ 轴对称。

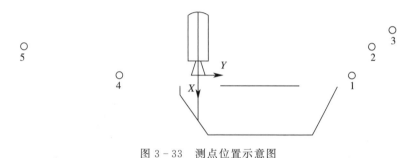

图 3-33　测点位置示意图

表 3-20　测点位置参数

| 测点编号 | $X$ /mm | $Y$ /mm | 到喷管距离 $R$ /m |
| --- | --- | --- | --- |
| 1 | 0 | 1 000 | 1 |
| 2 | −300 | 1 300 | 1.3 |
| 3 | −500 | 1 600 | 1.6 |
| 4 | 0 | −500 | 0.5 |
| 5 | −300 | −1 300 | 1.3 |

## 3.6.2　喷管个数对噪声特性影响

各测点总声压级见表 3-21，各测点总声压级随喷管个数变化规律如图 3-34 所示。从图中可以看出，随着喷管个数由 1 上升到 2，导流槽出口一侧（测点 1、2、3）总声压级上升较少，在 2 dB 以内，导流槽入口一侧（测点 4、5）总声压级上升幅度较大，达 3 dB 以上。分析这种现象产生的原因，与 3.4.1 节的结论类似，由于双喷管状态两股喷流发生掺混和耦合作用，导流槽入口一侧总声压级上升 3 dB 以上，而导流槽出口一侧喷流对测点形成遮蔽效应，总声压级上升在 2 dB 以内。

表 3 - 21　各测点总声压级

| 测点编号 | 总声压级/dB | | | | | |
| --- | --- | --- | --- | --- | --- | --- |
| | 导流槽距离 $M$ /mm | | | | | |
| | 100 | | 150 | | 200 | |
| | 单喷管 | 双喷管 | 单喷管 | 双喷管 | 单喷管 | 双喷管 |
| 1 | 129.3 | 131.5 | 130.5 | 131.1 | 127.7 | 127.8 |
| 2 | 122.1 | 122.4 | 124.5 | 124.6 | 120.5 | 123.5 |
| 3 | 116.5 | 117.1 | 119.8 | 120.0 | 116.2 | 117.3 |
| 4 | 119.8 | 122.7 | 124.0 | 130.9 | 127.9 | 134.8 |
| 5 | 111.7 | 114.5 | 115.8 | 123.3 | 119.1 | 124.2 |

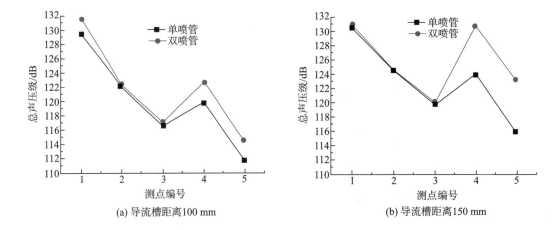

(a) 导流槽距离100 mm　　　　(b) 导流槽距离150 mm

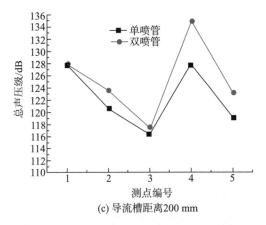

(c) 导流槽距离200 mm

图 3 - 34　总声压级随喷管个数的变化规律

### 3.6.3　导流槽距离对噪声特性影响

各测点总声压级随导流槽距离的变化规律如图 3-35 所示。对于导流槽出口一侧（测点 1、2、3），总声压级随导流槽距离增加先增大后减小，在 150 mm 时达到最大值。对于导流槽入口一侧（测点 4、5），总声压级随导流槽距离增加逐渐增大，在 200 mm 时达最大值。

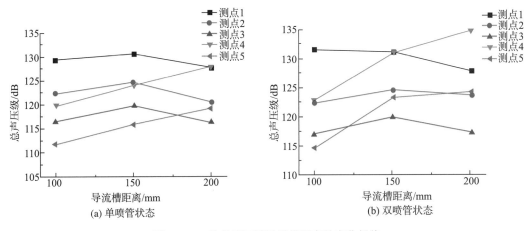

图 3-35　总声压级随导流槽距离的变化规律

各测点声压谱随导流槽距离的变化规律如图 3-36 所示。对于测点 1、2、3，由于其位于导流槽出口一侧，导流槽出口低频噪声为主要声源，随着导流槽距喷管出口距离的增加，导流槽出口喷流距测点 1、2、3 距离更近，故低频段声压上升；高频段声压主要由导流槽入口处自由喷流产生，随着导流槽距离的增加，自由喷流段的长度逐渐增加，导流槽入口的遮挡逐渐减小，高频段噪声应该逐渐增加，但测点 1、2、3 高频段声压在导流槽距离为 150 mm 时达到最高，在导流槽距离为 200 mm 时下降，这与总声压级的变化规律一致，分析是由于在导流槽距离为 200 mm 时，导流槽出口喷流距离测点 1、2、3 太近，从测点表面高速流过，该喷流对自由喷流产生的高频噪声有遮蔽效应，造成高频段声压在导流槽距离为 200 mm 时下降。

对于测点 4、5，全频段声压级随导流槽距离的增加逐渐上升，低频段声压差别不大，高频段声压由于导流槽距离的增加，未经导流槽扰流的自由喷流部分变长，受导流槽遮蔽效应的影响越来越小，故高频段声压逐渐上升。由此得出结论，导流槽入口测点的喷流噪声量级随着导流槽距离增加不断上升，导流槽出口侧噪声低频部分能量高，噪声量级随着导流槽距离增加先升后降，在 150 mm（15$d_e$）时达到最高。

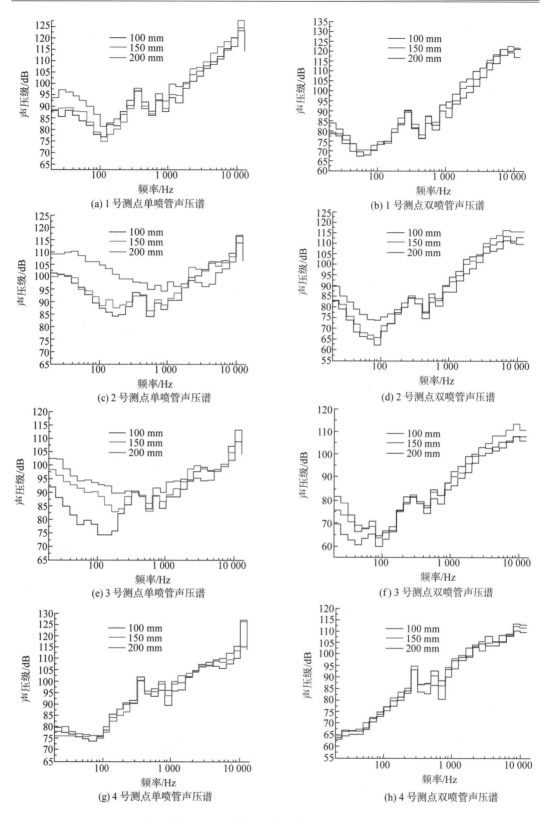

图 3 - 36　不同导流槽距离的噪声声压谱

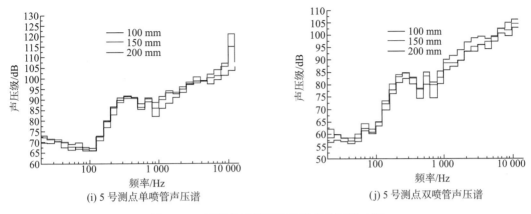

(i) 5 号测点单喷管声压谱　　　　　　　(j) 5 号测点双喷管声压谱

图 3 - 36　不同导流槽距离的噪声声压谱（续）

### 3.6.4　对称测点噪声特性对比

对称测点 2、5 声压谱对比如图 3 - 37 所示。由于 2 号测点位于导流槽出口一侧，导流槽出口大尺度湍流混合噪声量级高，故其低频段声压级远高于 5 号测点。对于高频段声压级，在导流槽距离为 100 mm 和 150 mm 时 2 号测点高于 5 号测点；导流槽距离为 200 mm、双喷管状态时，由于噪声遮蔽效应较强，2 号测点略低于 5 号测点，但相差不大。2 号测点总声压级高于 5 号测点，最大相差 10.4 dB。故导流槽出口一侧噪声环境更加恶劣，尤其是低频段噪声量级很高。

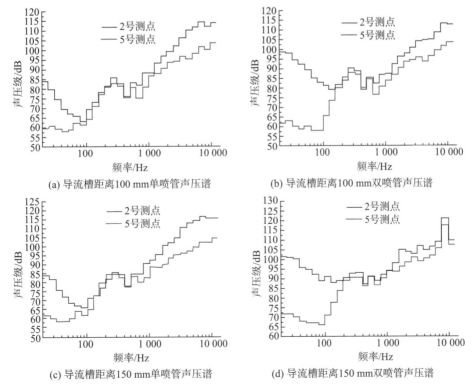

(a) 导流槽距离100 mm单喷管声压谱　　　　(b) 导流槽距离100 mm双喷管声压谱

(c) 导流槽距离150 mm单喷管声压谱　　　　(d) 导流槽距离150 mm双喷管声压谱

图 3 - 37　2、5 号测点声压谱对比

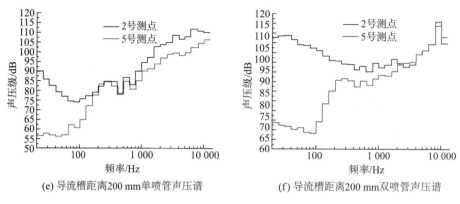

(e) 导流槽距离200 mm单喷管声压谱　　　　　(f) 导流槽距离200 mm双喷管声压谱

图 3 - 37　2、5号测点声压谱对比（续）

　　由此可见，若不考虑噪声传播过程中的结构遮挡，靠近导流槽出口侧箭体和塔架表面的噪声环境更加恶劣，尤其是低频段噪声。故在进行噪声抑制防护设计时，适当增加靠近导流槽出口侧箭体和塔架的防护措施，可达到被动防护的目的；或者通过导流槽设计以增加导流槽出口侧与箭体和塔架之间的距离，在导流槽入口侧增加喷水降噪装置，以实现噪声的主动抑制。

# 第4章 超声速热喷流气动噪声试验

## 4.1 引言

本章主要对超声速热喷流噪声进行试验研究，采用的是小型气氧/煤油火箭发动机。在研究过程中，首先开展单喷管自由喷流试验，研究单喷管状态下自由喷流噪声的辐射特性及分布规律，同时调节发动机混合比，研究不同工作状态对噪声特性的影响。而后开展导流槽遮挡喷流试验，研究导流槽不同遮挡距离对噪声特性的影响。最后，初步分析真实火箭发动机喷流气动噪声的分布规律，以及起飞段喷流噪声的分布特性。

## 4.2 热喷流噪声试验系统

超声速热喷流噪声试验采用小型气氧/煤油火箭发动机，煤油路采用挤压式供应系统，高压煤油贮罐压力为 4 MPa，用于贮存和供应煤油，煤油输送管路采用两路并联输送，并用孔板限流，两路孔板内径分别为 1.0 mm、1.1 mm。电磁阀控制煤油输送管路的开关，在煤油输送管路上并联一路吹除管路，通过电磁阀控制其开关，吹除压力为 2.0 MPa。在煤油输送管路上布置 3 个压力传感器，分别位于煤油贮箱、煤油孔板后和煤油喷注嘴前，监测其是否处于设计状态，以保证煤油供应系统持续、稳定、安全地工作。

氧气路采用高压氧气贮罐，贮罐压力为 14 MPa，通过减压阀调节氧气至安全工作压力 6.7 MPa，通过孔板限流，孔板直径为 3 mm。在氧气输送管路上布置 3 个压力传感器，分别位于氧气贮罐、氧气孔板前、氧气喷注嘴前，实时监测其工作状态，保障试验的正常进行。

氧气和煤油经过供应系统后到达发动机入口，在进行点火试验时，应保证氧气和煤油喷注前压力高于燃烧室压力，以防止回火，保障试验安全进行。该型发动机的设计流量是 160 g/s，设计压力是 1.6 MPa。在发动机点火时，应使氧气早于煤油 200 ms 进入燃烧室，保证点火时燃烧室已被氧气完全填充，使燃烧更充分，避免发生煤油的爆燃现象。发动机采用不锈钢外壳，高硅氧燃烧室内衬材料，为保证发动机安全工作，设计燃烧时间为 5 s，发动机燃烧结束后，采用 2.0 MPa 的氮气进行吹除，试验装置如图 4-1 所示。噪声测量系统与超声速冷喷流试验相同，在此不做赘述。

超声速热喷流主要研究发动机混合比、导流槽距离对噪声特性的影响。保证煤油供应系统的工作状态不变，调节氧气管路中的减压阀，实现氧气流量的调节，从而调节发动机混合比。发动机混合比参数见表 4-1。发动机点火燃烧后，燃气通过喷管加速，以指定马

图 4-1　试验装置

赫数流出，喷管采用高强石墨加工，具有良好的力学性能和耐高温烧蚀性能。喷管出口马赫数为 3，喉部直径为 12 mm，出口直径为 28 mm。喷管尺寸如图 4-2 所示。

表 4-1　发动机混合比参数

| 煤油流量/(g/s) | 氧气流量/(g/s) | 混合比(氧燃比) |
| --- | --- | --- |
| 67 | 84 | 1.25 |
| 67 | 90 | 1.35 |
| 67 | 97 | 1.45 |

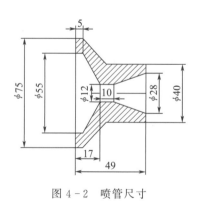

图 4-2　喷管尺寸

## 4.2.1　试验工况

试验状态由自由喷流试验和导流槽遮挡喷流试验两部分组成，共进行 6 种工况试验，导流槽遮挡喷流状态如图 4-3 所示，试验工况见表 4-2。

**表 4 - 2　超声速热喷流噪声试验工况表**

| 试验编号 | 发动机混合比（氧燃比） | 总压/MPa | 出口马赫数/ Ma | 导流槽距离/mm |
|---|---|---|---|---|
| 1 | 1.25 | 1.7 | 3 | — |
| 2 | 1.35 | 1.8 | 3 | — |
| 3 | 1.45 | 1.9 | 3 | — |
| 4 | 1.45 | 1.9 | 3 | 150 |
| 5 | 1.45 | 1.9 | 3 | 250 |
| 6 | 1.45 | 1.9 | 3 | 350 |

其中，试验 1、2、3 对比分析发动机混合比对噪声特性的影响；试验 4、5、6 对比分析导流槽距离对噪声特性的影响。

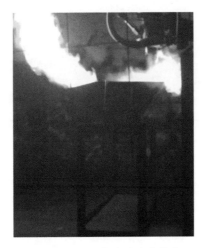

图 4 - 3　导流槽遮挡喷流状态

## 4.2.2　测点布局

与 3.2 节中单喷管自由喷流的测点布置方案类似，采用国标 GB/T 3767—1996 中推荐的半球形布置方案，考虑到试验场地的限制和传感器的耐高温性能，仅布置 4 个测点，以喷管出口为坐标原点，以喷流轴向为 $X$ 轴，喷流径向为 $Y$ 轴，各测点的位置参数见表 4 - 3。测点位置示意图如图 4 - 4 所示，其中声传感器对准发动机出口方向。需要特别说明的是，导流槽遮挡喷流状态下，导流槽流道方向位于 $X - Z$ 平面内。

**表 4 - 3　测点位置参数**

| 测点编号 | $X$ /mm | $Y$ /mm | 到喷管距离 $R$ /m | 与喷流轴向夹角 $\theta$ /(°) |
|---|---|---|---|---|
| 1 | 347 | 1 969 | 2 | 80 |
| 2 | 0 | 2 000 | 2 | 90 |
| 3 | −347 | 1 969 | 2 | 100 |
| 4 | 0 | 2 500 | 2.5 | 90 |

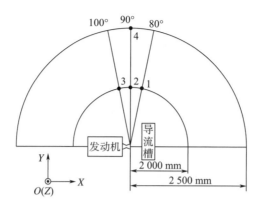

图 4 - 4    测点位置示意图

## 4.3    超声速热喷流噪声特性

各测点总声压级见表 4 - 4。

**表 4 - 4    各测点总声压级**

| 测点编号 | 总声压级/dB | | | | | |
| | 混合比 | | | 导流槽距离 $M$ /mm | | |
| | 1.25 | 1.35 | 1.45 | 150 | 250 | 350 |
| 1 | 138.7 | 137.1 | 140.1 | 134.3 | 135.6 | 137.3 |
| 2 | 141.5 | 140.8 | 139.6 | 137.0 | 137.6 | 139.4 |
| 3 | 139.3 | 137.9 | 136.2 | — | — | — |
| 4 | 140.2 | 137.9 | 136.0 | 134.4 | 134.8 | 136.3 |

### 4.3.1    基本状态研究

以试验工况 3 为基本状态，燃烧室压强曲线如图 4 - 5 所示。从图中可以看出，发动机稳定工作段燃烧室压强基本稳定在 1.9 MPa 左右，时间为 5 s 左右。在进行噪声特性分析时，选取稳定工作段内的声压时域信号进行处理和分析。

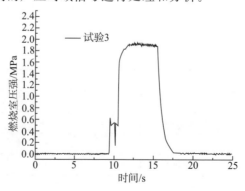

图 4 - 5    试验 3 压强-时间曲线

图 4-6 对比了同距离、不同角度测点的噪声声压谱，可分析测点与喷流轴向夹角的变化对噪声特性的影响。从图中可以看出，1、2、3 测点角度从 80° 变化到 100°，噪声声压级逐渐降低，声压峰值从 130.3 dB 下降到 126.9 dB，峰值频率基本不变，稳定在 6 kHz～7 kHz 之间。总声压级从 140.1 dB 降低到 136.2 dB，可见火箭发动机喷流噪声具有较强的指向性。

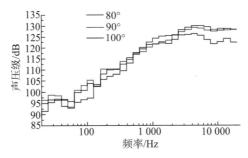

图 4-6　不同角度测点噪声声压谱

图 4-7 对比了同角度、不同距离测点的噪声声压谱，可分析噪声随着测点距离增加的衰减作用。从图中可以看出，对比测点 2、4，距离从 2 m 增加到 2.5 m，噪声声压级下降，尤其是 1 kHz 以上的高频段，衰减得更为明显，声压级下降 3 dB 以上，声压峰值从 129.6 dB 下降到 126.1 dB，峰值频率基本不变。总声压级从 139.6 dB 降低到 136.0 dB。各测点总声压级如图 4-8 所示。

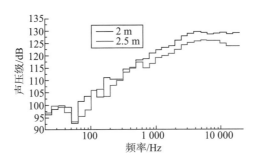

图 4-7　不同距离测点的噪声声压谱

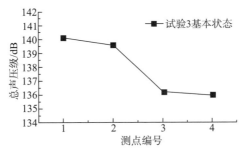

图 4-8　各测点总声压级

### 4.3.2　发动机混合比对噪声特性影响

各测点总声压级见表 4-4，总声压级变化趋势如图 4-9 所示。以试验工况 3 为基本状态，保持喷管状态和煤油流量不变，调节氧气流量，发动机混合比从 1.45 下降到 1.25，对应燃烧室压强从 1.9 MPa 下降到 1.7 MPa，燃温也相应下降。若不考虑化学反应过程和多组分效应，随着燃烧室压强和燃气温度下降，喷流噪声声压级也应该下降。

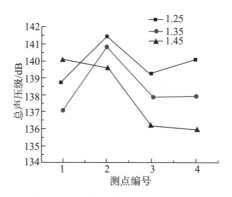

图 4-9　各测点总声压级变化趋势

但试验过程中，混合比为 1.25 和 1.35 时发动机处于富燃工作状态，产生剧烈的燃烧不稳定现象，即煤油小液滴在燃烧室内没有充分燃烧，在喷流下游发生爆燃现象，与混合比为 1.45 时状态相比噪声声压级上升，尤其是中低频段声压级上升。图 4-10 为 2、3 测点在三种工作状态下的声压谱。以测点 2 为例，混合比从 1.45 下降到 1.25，噪声峰值频率由 6.3 kHz 下降到 3.15 kHz，声压级上升值在中心频率为 8kHz 达到最大，为 9.3 dB。总声压级从 139.5 dB 逐渐上升到 141.5 dB。

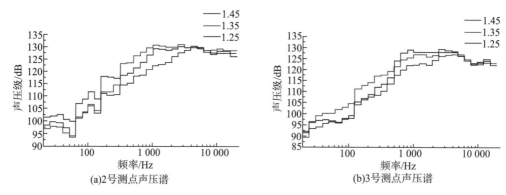

(a)2号测点声压谱　　　　　　　　　(b)3号测点声压谱

图 4-10　不同混合比状态下声压谱

### 4.3.3　导流槽对噪声特性影响

各测点总声压级见表 4-4，总声压级变化趋势如图 4-11 所示。图 4-12 对比了不同导流槽距离状态下的噪声声压谱，可分析有无导流槽状态和导流槽距离对噪声特性的影

响。从图中可以看出，对比有导流槽遮蔽状态（试验 4～试验 6）和自由喷流状态（试验
3），导流槽的遮蔽效应使各测点的噪声声压级明显减低。以测点 1 为例，在导流槽遮蔽状态下，1～10 kHz 频段内噪声声压级明显降低。在中心频率为 8 kHz 时最大可使声压级降低 4.4 dB，对应总声压级降低 5.8 dB。

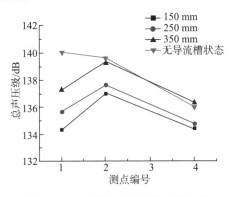

图 4 - 11　各测点总声压级变化趋势

图 4 - 12 对比了不同导流槽距离状态下（150～350 mm）的喷流噪声特性。可以看出，随着导流槽距离（喷管出口至导流槽底部的距离）从 150 mm 增加到 350 mm，遮蔽效应逐渐减弱，噪声声压级逐渐上升，峰值频率基本不变，这也印证了 3.6 节的结论。以测点 1 为例，随着导流槽距离从 150 mm 增加到 350 mm，1 kHz 以下频段内声压级基本相同，1 kHz 以上频段声压级逐渐上升，声压峰值由 124.6 dB 上升到 127.9 dB，对应总声压级由 134.3 dB 上升到 137.3 dB，峰值频率基本稳定在 10～12.5 kHz 之间。

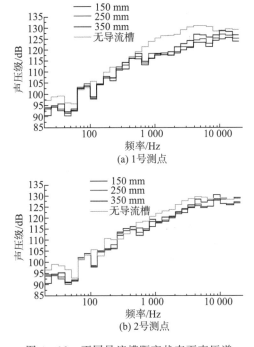

图 4 - 12　不同导流槽距离状态下声压谱

图 4-13 对比了相同试验状态、不同测点（1、2号测点）的噪声声压谱，可分析导流槽遮蔽效应对噪声辐射特性的影响。从图中可以看出，由于1号测点相对导流槽的位置更低一些，故导流槽的遮蔽效应更为明显，对应的噪声声压级更低。在 1 kHz 以上的高频段差别尤为明显，1、2号测点噪声峰值频率基本相同。以导流槽距离为 250 mm 时为例，在 3.15 kHz 时两个测点声压级相差最大，为 4.8 dB。此时 1 号测点总声压级为 135.6 dB，2号测点总声压级为 137.6 dB。对比 4.3.1 节中得出的噪声辐射特性结论：自由喷流状态下 1 号测点声压级高于 2 号测点，可见导流槽的遮蔽效应对噪声辐射特性产生了影响。

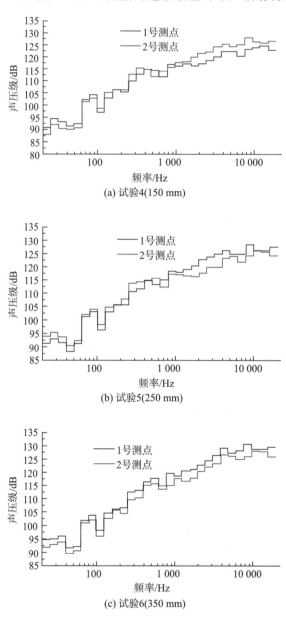

(a) 试验4(150 mm)

(b) 试验5(250 mm)

(c) 试验6(350 mm)

图 4-13 测点 1、2 声压谱对比

## 4.4　运载火箭喷流气动噪声案例

### 4.4.1　火箭地面试车喷流噪声

真实的火箭发动机试车现场环境条件比较复杂，尤其是试车台周围存在很多不规则反射体，会对发动机喷流噪声产生无规律的反射和吸收等影响，进而导致发动机试车状态噪声测量结果会引入一定的干扰，但发动机试车噪声测量仍然是获取该型发动机喷流噪声最为直接的方法。

火箭发动机试车噪声测量测点布置的位置及数量一般要求如下：

1）应在试车塔架放置有仪器设备的位置布置测点；

2）应在试车塔架不同高度平台适当布置测点，保证在箭体内相同高度位置处有对应的噪声测点；

3）噪声每个测点一个方向，箭体内、外噪声分别指向 $-R$、$+R$ 向，塔架噪声均指向箭体。

本书对某型火箭发动机地面试车噪声进行测量，共进行两次试车，每次试车均包含高工况和额定工况两种状态。其中，试车噪声测点如图 4 - 14 所示，测点 1～5 位于发动机喷流轴线上。第二次试车仅保留 4、5、6、7、8 号测点。

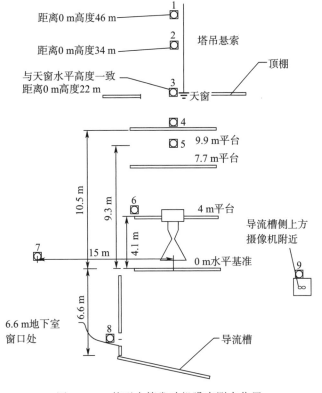

图 4 - 14　某型火箭发动机噪声测点位置

　　两次试车噪声测量结果如图 4-15～图 4-19 所示。从图 4-15 中可以看出，测点 4～测点 8 总声压级相差 1 dB 左右。两次试车测量的总声压级一致性较好。对比测点 1～测点 5 可以看出，随着测点距喷管出口距离减小，总声压级逐渐增大。同时可以看出，测点 8 的总声压级明显高于其余各测点，这是由于测点 8 与喷流轴向夹角较小，并且距导流槽较近，喷流冲击导流槽的冲击噪声量级更高。

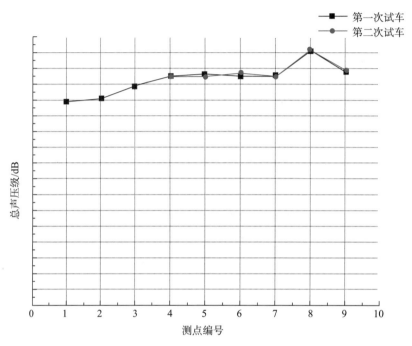

图 4-15　两次试车总声压级

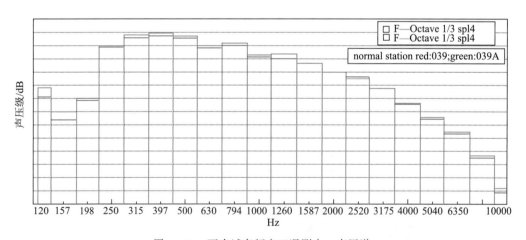

图 4-16　两次试车额定工况测点 4 声压谱

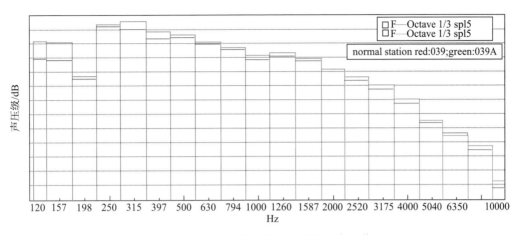

图 4-17　两次试车额定工况测点 5 声压谱

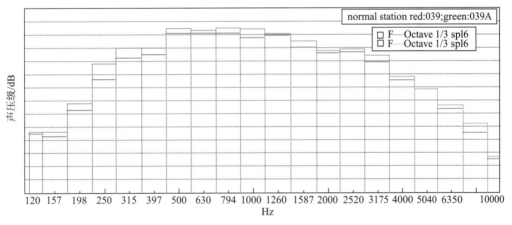

图 4-18　两次试车额定工况测点 6 声压谱

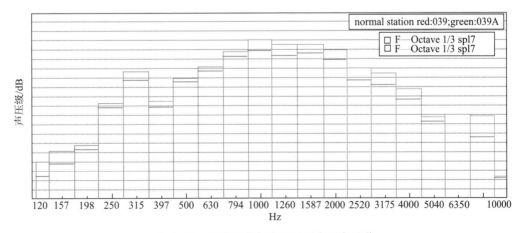

图 4-19　两次试车额定工况测点 7 声压谱

从图 4-16～图 4-19（图中红色线代表第一次试车数据，绿色线代表第二次试车数据）中可以看出，测点 4～测点 7 两次试车声压谱相差 1 dB 左右，表明两次测量的声压谱具有良好的一致性。测点 4、测点 5 均位于发动机喷流轴线上，相对喷管出口角度一致，其噪声峰值频率基本一致，在 315～397 Hz 之间；测点 6 与发动机喷流轴线夹角为 135°，其噪声峰值频率在 500～800 Hz 之间；测点 7 与发动机喷流轴线夹角为 90°，其噪声峰值频率在 1 000 Hz 左右。从中可以看出，喷流噪声具有很强的指向性，在不同角度辐射强度不尽相同。

同次试车不同工况噪声测量结果如图 4-20～图 4-24 所示（图中红色线代表额定工况，绿色线代表高工况）。从中可以看出，两种工况声压级谱差别在 1 dB 左右，高工况声压谱普遍高于额定工况，且可见该型火箭发动机喷流噪声峰值频率在 250～1 000 Hz之间。

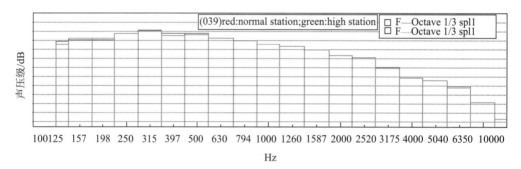

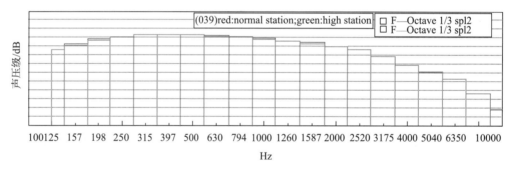

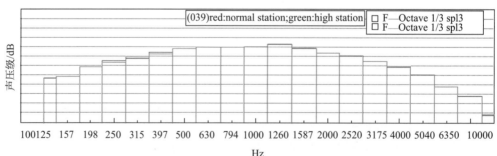

图 4-20　第一次试车测点 1～测点 3（1/3 倍频程谱）

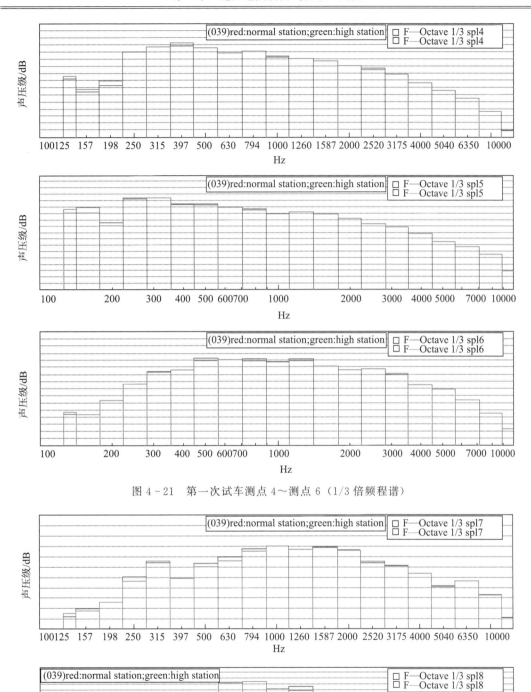

图 4-21　第一次试车测点 4～测点 6 （1/3 倍频程谱）

图 4-22　第一次试车测点 7～测点 9 （1/3 倍频程谱）

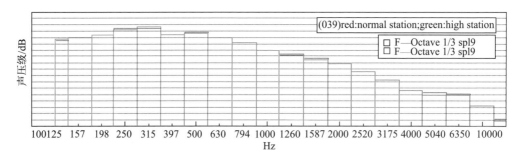

图 4 - 22　第一次试车测点 7～测点 9（1/3 倍频程谱）（续）

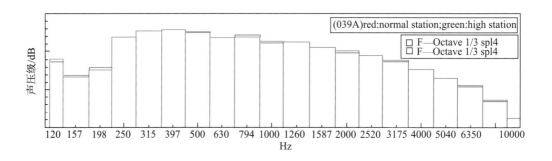

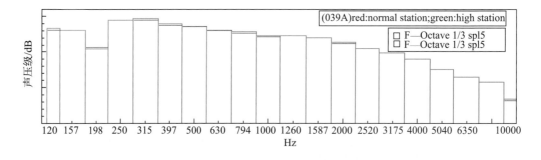

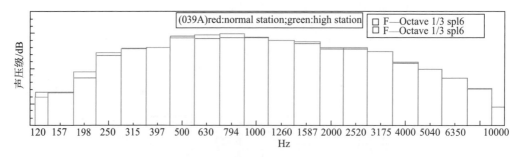

图 4 - 23　第二次试车测点 4～测点 6（1/3 倍频程谱）

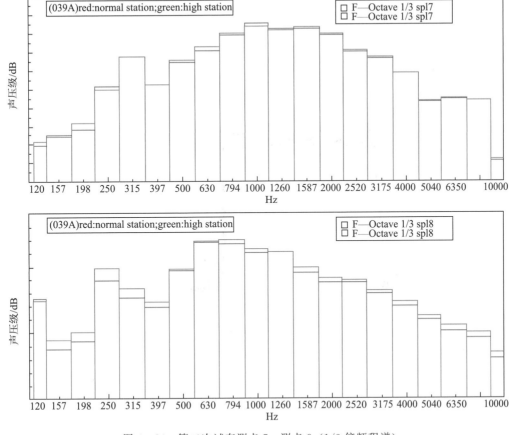

图 4 - 24　第二次试车测点 7～测点 8（1/3 倍频程谱）

### 4.4.2　火箭起飞段喷流噪声

本书对某型运载火箭起飞段喷流噪声进行测量，分析不同飞行高度、不同位置测点的噪声特性。测点位置如图 4 - 25 所示，其中测点 S1～S4 在发射平台周围，S5～S12 在塔架上。

图 4 - 25　测点位置示意图

从图 4-26 中可以看出，S1～S4 测点的声压级随时间的变化趋势是先增加后减小。这是由于 S1～S4 测到的噪声主要源于喷流冲击发射台。在起飞初始段，随着火箭飞行高度的增加，冲击到发射台面上的喷流增加，噪声增大；而后，喷流冲击随着高度的增加而减小，相应地噪声随之减小。

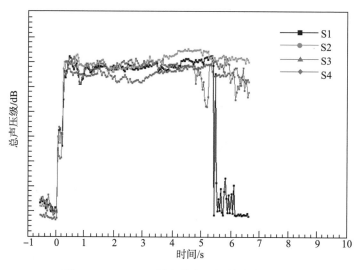

图 4-26　S1～S4 测点总声压级随时间的变化

从图 4-27 中可以看出，S5～S12 测点的声压级随时间的变化趋势是先增加后减小，测点位置越高，声压级最大值出现的时刻越晚。在 7 s 之前，各时刻的声压级随着测点位置的升高而降低；而在 7 s 之后，各时刻的声压级随着测点位置的升高而增加。这是由于测点 S5～S12 测到的噪声主要源于自由喷流，自由喷流噪声源随着火箭飞行不断上移，依次经过所有测点。

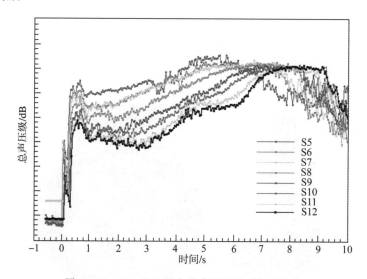

图 4-27　S5～S12 测点总声压级随时间的变化

# 第 5 章　超声速喷流气动噪声数值模拟

## 5.1　引言

本章主要介绍超声速喷流气动噪声的数值仿真研究。首先建立仿真模型，并通过试验数据校验仿真模型的准确性和精度。而后通过计算不同工作状态下超声速喷流噪声特性，研究发动机燃气参数（气体常数 $R$、总温 $T$、总压 $P$）对噪声特性的影响规律，并对数值仿真结果进行拟合，构建喷流噪声总声功率与火箭发动机工作参数的定量关系。最后对某运载火箭起飞段在导流槽和塔架干扰情况下的喷流噪声进行数值模拟，探究全尺寸运载火箭起飞喷流气动噪声数值模拟的技术可行性。

## 5.2　数值仿真模型

### 5.2.1　控制方程

在不破坏喷流噪声整体物理构架前提下，有必要对喷流噪声的计算过程做适当简化：

1）忽略喷流中的化学反应；

2）流动为热力学平衡；

3）不考虑体积力和外部热源。

基于上述流动过程简化，建立笛卡儿坐标系下三维非定常可压 N-S 方程

$$\frac{\partial \boldsymbol{Q}}{\partial t} + \frac{\partial \boldsymbol{f}}{\partial x} + \frac{\partial \boldsymbol{g}}{\partial y} + \frac{\partial \boldsymbol{h}}{\partial z} = 0 \tag{5-1}$$

式中，$\boldsymbol{Q}$ 为守恒变矢量，$\boldsymbol{f}$，$\boldsymbol{g}$，$\boldsymbol{h}$ 分别为三个坐标方向的通量，表示为

$$\boldsymbol{Q} = \begin{bmatrix} \rho \\ \rho u \\ \rho v \\ \rho w \\ \rho e \end{bmatrix} \tag{5-2}$$

$$\boldsymbol{f} = \begin{bmatrix} \rho u \\ \rho u^2 + p - \tau_{xx} \\ \rho u v - \tau_{xy} \\ \rho u w - \tau_{xz} \\ (\rho e + p) u - u\tau_{xx} - v\tau_{xy} - w\tau_{xz} + q_x \end{bmatrix} \tag{5-3}$$

$$\boldsymbol{g} = \begin{bmatrix} \rho v \\ \rho uv - \tau_{xy} \\ \rho v^2 + p - \tau_{yy} \\ \rho vw - \tau_{yz} \\ (\rho e + p)v - u\tau_{xy} - v\tau_{yy} - w\tau_{yz} + q_y \end{bmatrix} \tag{5-4}$$

$$\boldsymbol{h} = \begin{bmatrix} \rho w \\ \rho uw - \tau_{xz} \\ \rho vw - \tau_{yz} \\ \rho w^2 + p - \tau_{zz} \\ (\rho e + p)w - u\tau_{xz} - v\tau_{yz} - w\tau_{zz} + q_z \end{bmatrix} \tag{5-5}$$

其中应力项为

$$\begin{cases} \tau_{xx} = \dfrac{2}{3}\mu\left(2\dfrac{\partial u}{\partial x} - \dfrac{\partial v}{\partial y} - \dfrac{\partial w}{\partial z}\right) \\[2mm] \tau_{yy} = \dfrac{2}{3}\mu\left(2\dfrac{\partial v}{\partial y} - \dfrac{\partial u}{\partial x} - \dfrac{\partial w}{\partial z}\right) \\[2mm] \tau_{zz} = \dfrac{2}{3}\mu\left(2\dfrac{\partial w}{\partial z} - \dfrac{\partial u}{\partial x} - \dfrac{\partial v}{\partial y}\right) \\[2mm] \tau_{xy} = \mu\left(\dfrac{\partial u}{\partial y} + \dfrac{\partial v}{\partial x}\right) = \tau_{yx} \\[2mm] \tau_{xz} = \mu\left(\dfrac{\partial w}{\partial x} + \dfrac{\partial u}{\partial z}\right) = \tau_{zx} \\[2mm] \tau_{yz} = \mu\left(\dfrac{\partial v}{\partial z} + \dfrac{\partial w}{\partial y}\right) = \tau_{zy} \end{cases} \tag{5-6}$$

压力由理想气体状态方程给出，即

$$p = (\gamma - 1)\left[\rho e - \dfrac{\rho}{2}(u^2 + v^2 + w^2)\right] \tag{5-7}$$

去除方程（5-1）中的黏性效应后，原方程（5-1）退化为无黏流动的 Euler 方程，其中，黏性效应体现在 N-S 方程中的黏性项和热传导项，对于一维、二维流动，只需保留相应维的流动变量。

### 5.2.2 湍流模型

#### 5.2.2.1 $k-\varepsilon$ 湍流模型

目前常用的有标准 $k-\varepsilon$ 湍流模型、RNG $k-\varepsilon$ 模型及 Realizable $k-\varepsilon$ 模型。标准的 $k-\varepsilon$ 模型方程在方程的定义过程中，认为流体处于充分发展的湍流状态，忽略分子黏性的影响。湍流黏性系数定义如下

$$\mu_t = \rho C_\mu \dfrac{k^2}{\varepsilon} \tag{5-8}$$

对于不可压缩流体，从脉动动量方程和雷诺应力输运方程出发，通过推导和对一些源项的

模化，可得到如下的 $k$ 和 $\varepsilon$ 方程

$$\rho \frac{\partial k}{\partial t} + \rho v_j \frac{\partial k}{\partial x_j} = \frac{\partial}{\partial x_j}\left[\left(\mu + \frac{\mu_t}{\sigma_k}\right)\frac{\partial k}{\partial x_j}\right] - \mu_t \frac{\partial v_i}{\partial x_j}\left(\frac{\partial v_i}{\partial x_j} + \frac{\partial v_j}{\partial x_i}\right) - \rho\varepsilon \quad (5-9)$$

$$\rho \frac{\partial \varepsilon}{\partial t} + \rho v_j \frac{\partial \varepsilon}{\partial x_j} = \frac{\partial}{\partial x_j}\left[\left(\mu + \frac{\mu_t}{\sigma_\varepsilon}\right)\frac{\partial \varepsilon}{\partial x_j}\right] - C_{1\varepsilon}\frac{\varepsilon}{\mu}\mu_t \frac{\partial v_i}{\partial x_j}\left(\frac{\partial v_i}{\partial x_j} + \frac{\partial v_j}{\partial x_i}\right) - C_{2\varepsilon}\rho\frac{\varepsilon^2}{k}$$

$$(5-10)$$

式中　$C_\mu$，$C_{1\varepsilon}$，$C_{2\varepsilon}$——经验系数；

　　　$\sigma_k$——湍流能系数；

　　　$\sigma_\varepsilon$——湍流耗散率扩散系数。

对于标准 $k-\varepsilon$ 模型，认为 ($C_{1\varepsilon}$，$C_{2\varepsilon}$，$C_\mu$，$\sigma_k$，$\sigma_\varepsilon$) 这些系数均为常数，它们是从试验现象总结出来的，是半个经验公式。为此人们对它加以改造，出现了 RNG $k-\varepsilon$ 模型及 Realizable $k-\varepsilon$ 模型。

RNG $k-\varepsilon$ 模型与标准 $k-\varepsilon$ 模型的不同之处主要是在 $\varepsilon$ 方程的消失项中增加了 $R$ 项，$R$ 由下式计算

$$R = \eta(1-\eta/\eta_0)/(1+\beta\eta^3) \quad (5-11)$$

其中，$S_{ij} = \frac{1}{2}\left(\frac{\partial v_i}{\partial x_j} + \frac{\partial v_j}{\partial x_i}\right)$，$\eta_0 = 4.38$，$\beta = 0.015$。

相对于标准 $k-\varepsilon$ 模型来讲，RNG $k-\varepsilon$ 模型在以下几个方面进行了改进：

1）考虑到湍流旋涡，提高了模拟精度；

2）在 $\varepsilon$ 方程中增加了一个附加产生项，以更好地适应具有大应变率的湍流流动；

3）为湍流 Prandtl 数提供了一个解析公式；

4）标准 $k-\varepsilon$ 模型是高雷诺数模型，RNG $k-\varepsilon$ 模型提供了低雷诺数流动黏性的解析公式。

以上这些特点使得 RNG $k-\varepsilon$ 模型比标准 $k-\varepsilon$ 模型在更广泛的流动模型中有更高的可信度和精度。

Realizable $k-\varepsilon$ 湍流模型出现相对较晚，在此模型 $\varepsilon$ 方程的源项中，$C_{1\varepsilon}$ 由下式计算

$$C_{1\varepsilon} = \max[0.43, \eta/(\eta+5)] \quad (5-12)$$

$C_\mu$ 也不再是常数，而是

$$C_\mu = 1/(A_0 + A_s U^* k/\varepsilon) \quad (5-13)$$

式中，$A_0 = 4.04$，$A_s = \sqrt{6}\cos\phi$，$\phi = \frac{1}{3}\cos^{-1}(\sqrt{6}W)$，$W = \frac{S_{ij}S_{jk}S_{ki}}{\widetilde{S}}$，$\widetilde{S} = \sqrt{S_{ij}S_{ij}}$，$S_{ij} = \frac{1}{2}\left(\frac{\partial v_i}{\partial x_j} + \frac{\partial v_j}{\partial x_i}\right)$，$U^* = (S_{ij}S_{ik} + \overline{\Omega_{ij}\Omega_{ij}})^{1/2}$，$\overline{\Omega_{ij}}$ 是以角速度 $\omega_k$ 旋转时参考坐标系中的时均旋涡张量，$\overline{\Omega_{ij}} = \Omega_{ij} - 2\varepsilon_{ijk}\omega_k$，$\varepsilon_{ijk}$ 为张量置换符号。

### 5.2.2.2　LES 湍流模型

LES 模型介于 DNS 与 RANS 之间，其主要思想是认为大尺度涡中包含了所有的湍动能，小尺度涡主要是耗散湍动能，由此可以将大涡与小涡计算分开处理，并用统一的模型

计算小涡。基于此，LES 通过过滤方程滤掉小尺度涡，直接利用 N-S 方程求解大尺度涡，然后利用亚格子模型（SGS）将小涡对大涡的作用模型化，使整个方程封闭，最后对其进行数值求解。总体来说，LES 思路主要是基于下面的考虑：

1) 动量、质量和能量主要由大尺寸旋涡传输；

2) 大涡在流动中起主导作用，主要由流动的几何边界条件来确定；

3) 小涡不起主导作用（尺寸上），但其解决方法更具有通用性；

4) 当仅有小涡时，更容易建立通用模型。

在 LES 模型中，物理量的瞬时值 $f$ 分解成大尺度量 $\bar{f}$ 与可解尺度（或称为亚格子尺度）量 $f_{sg}$ 之和

$$f = \bar{f} + f_{sg} \tag{5-14}$$

其中大尺度量 $\bar{f}$ 直接通过滤波函数对全场进行滤波得到

$$\bar{f}(x) = \int_D f(x')G(x,x')\,dx' \tag{5-15}$$

这里，$D$ 为选取的控制体，$G$ 为滤波函数，如下所示

$$G(x,x') = \begin{cases} 1/V, & x' \in v \\ 0, & x' \in \text{其他} \end{cases} \tag{5-16}$$

式中，$V$ 为单元控制体的体积。

需要注意的是，对于可压缩流动，大尺度量一般写成 Favre 质量加权平均的形式

$$\tilde{f} = \frac{\overline{\rho f}}{\bar{\rho}} \tag{5-17}$$

过滤后的状态方程变为

$$\bar{p} = \bar{\rho}R\tilde{T} \tag{5-18}$$

将式（5-10）和式（5-11）代入气体控制方程中，可以得到滤波后的 N-S 方程

$$\begin{cases} \dfrac{\partial \bar{\rho}}{\partial t} + \dfrac{\partial}{\partial x_i}(\bar{\rho}\tilde{u}_i) = 0 \\[2mm] \dfrac{\partial}{\partial t}(\bar{\rho}\tilde{u}_i) + \dfrac{\partial}{\partial x_j}(\bar{\rho}\tilde{u}_i\tilde{u}_j) = \dfrac{\partial\bar{\sigma}_{ij}}{\partial x_j} - \dfrac{\partial\bar{p}}{\partial x_i} - \dfrac{\partial\tau_{ij}}{\partial x_j} \\[2mm] \dfrac{\partial}{\partial t}[\bar{\rho}(\tilde{E}+k_{sgs})] + \dfrac{\partial}{\partial x_j}[\bar{\rho}(\tilde{E}+\bar{p})\tilde{u}_j] = \dfrac{\partial}{\partial x_j}(\bar{\sigma}_{ij}\tilde{u}_i) + \dfrac{\partial\bar{q}}{\partial x_i} - \dfrac{\partial\tilde{u}_i\tau_{ij}}{\partial x_j} \end{cases} \tag{5-19}$$

其中，$\bar{\sigma}_{ij}$ 为应力张量

$$\bar{\sigma}_{ij} = \left[\mu\left(\frac{\partial\tilde{u}_i}{\partial x_j} + \frac{\partial\tilde{u}_j}{\partial x_i}\right)\right] - \frac{2}{3}\mu\frac{\partial\tilde{u}_l}{\partial x_l}\delta_{ij} \tag{5-20}$$

$E$ 为过滤后的总能量

$$\tilde{E} = -\frac{1}{2}\tilde{u}_i\tilde{u}_j + \tilde{e} = \frac{1}{2}\tilde{u}_i\tilde{u}_j + \frac{1}{\gamma-1}\frac{\bar{p}}{\bar{\rho}} \tag{5-21}$$

从上式可以看出，正是由于亚格子应力项的存在才使得方程不封闭。和雷诺应力类

似，亚格子应力是过滤掉的小尺度脉动和可解尺度湍流间的动量运输。为实现大涡数字化模拟，使方程封闭，需要建立亚格子动量项的数学模型。

目前使用较多的亚格子模型便是 Smagorinsky 涡黏模型

$$\tau_{ij} - \frac{1}{3}\tau_{kk}\delta_{ij} = -2\mu_t \bar{S}_{ij} \tag{5-22}$$

$$\bar{S}_{ij} = \frac{1}{2}\left(\frac{\partial \bar{u}_i}{\partial x_j} + \frac{\partial \bar{u}_j}{\partial x_i}\right) \tag{5-23}$$

$$\mu_t = \rho \ (C_s\Delta)^2 \ (2S_{ij}S_{ij})^{1/2} \tag{5-24}$$

式中　$\mu_t$——亚格子湍流黏性系数；

　　　　$\bar{S}_{ij}$——过滤应变率张量；

　　　　$C_s$——Smagorinsky 常数；

　　　　$\Delta$——当地网格尺寸。

### 5.2.3　声场计算模型

气动声学方程可以从流体力学的质量守恒和动量守恒方程推导出来。在笛卡儿坐标系下微分形式的质量守恒方程可表示为

$$\frac{\partial \rho}{\partial t} + \frac{\partial \rho v_i}{\partial x_i} = 0 \tag{5-25}$$

对应的动量守恒方程可以表示为

$$\rho \ \frac{\partial v_i}{\partial t} + \rho v_j \ \frac{\partial v_i}{\partial x_j} = -\frac{\partial p}{\partial x_i} + \frac{\partial \tau_{ij}}{\partial x_j} \tag{5-26}$$

式中　$p$——流体的压力；

　　　　$\tau_{ij}$——流体中的黏性应力张量。

Lighthill 针对在均匀静止流体介质包围的小尺度范围内湍流产生的气动噪声问题，推导出了一个描述声波产生的非奇次波动方程

$$\frac{\partial^2 \rho}{\partial t^2} - c_0^2 \ \frac{\partial^2 \rho}{\partial x_i^2} = \frac{\partial^2 T_{ij}}{\partial x_i \partial x_j} \tag{5-27}$$

式中，$T_{ij}$ 是 Lighthill 应力张量，$c_0$ 表示未受扰动流体的声速，$x$ 是空间固定坐标系，在湍流流动区域外的平均流动速度为零。

方程（5-27）就是 Lighthill 方程，它是描述由方程右端的声源分布产生的声传播的控制方程，为了计算声源产生的声辐射，必须首先知道方程右端的声源分布。由于在声级的描述以及声学试验测量分析中，更普遍使用的是声压，Michalke 和 Michel 推导出了针对这种声源情况的对流形式的 Lighthill 方程，即

$$\frac{1}{c_0^2}\left(\frac{\partial}{\partial t} + U_i \ \frac{\partial}{\partial x_i}\right)^2 p - \frac{\partial^2 p}{\partial x_i^2} = q \tag{5-28}$$

式中，$U$ 表示相对于坐标系的大气流动速度矢量。其中左端项描述了在具有均匀流动速度 $U_i$ 和声速 $c_0$ 介质中声波的传播，右端项是由湍流产生的，在湍流流动区域以外，右端项

为零或至少是二阶脉动小量。Michalke 和 Michel 给出了该项的近似形式，即

$$q = \frac{\partial^2 q_{ij}}{\partial x_i \partial x_j} + \frac{\partial q_i}{\partial x_i} \tag{5-29}$$

式中，$q_{ij}$ 表示四极子声源分布项，它与 Lighthill 应力张量项的意义相似。$q_i$ 表示的是偶极子声源分布，该声源项只有在当地密度与大气密度不相等时才是重要声源项，$q_{ij}$ 与 $q_i$ 均是关于 $p'$ 的函数，只有求得 $p'$，才可获得气动噪声的声源分布函数。

　　Curle 推导出了包括稳定固体表面存在的流场噪声辐射 Lighthill 方程的完整积分解。Curle 的积分解说明，在流场中的硬壁物体对流动噪声的影响等效于分布在固体表面上的一个表面声学偶极子，如果固体的表面尺寸相对于声场的声波波长比较小，则这个表面偶极子就相当于一个偶极子点声源，其强度正比于物体表面的流体作用力。Curle 对有固体表面的湍流流动噪声的分析表明，有固体表面存在的流动噪声辐射强度与流体速度的六次方成正比，因此对于低速的流动噪声源，由固体表面上的偶极子辐射的噪声是主要成分。根据 Curle 的推导，关于固体边界的面积分可以写成如下简化形式

$$p'(x_i,t) = \frac{1}{4\pi} \int_v \frac{1}{r} \left[ \frac{\partial^2 q_{ij}}{\partial y_1 \partial y_j} \right] \mathrm{d}V(y_j) + \frac{1}{4\pi} \int_v \frac{1}{r} \left[ \frac{\partial q_i}{\partial y_j} \right] \mathrm{d}V(y_j) - \frac{1}{4\pi} \int_s \frac{1}{r} \left[ \frac{\partial f_i}{\partial y_j} \right] \mathrm{d}S(y_j)$$

$$\tag{5-30}$$

式中第三个积分项表示面源辐射的基本声波与强度，声场是由空间分布的四极子、空间分布的偶极子和面积分布的偶极子等所产生，该式方括号表示其中的声源须在延迟时刻计算，该式对于空间任意观测点都是有效的。

　　Curle 应用 Kirchhoff 方法，首先将 Lighthill 气动声学理论推广到了考虑静止固体边界的影响上，但 Curle 理论并未考虑到运动边界与流体相互作用的流动发声问题。Ffowcs Williams 和 Hawkings 应用广义 Green 函数方法，将 Lighthill 气动声类比理论和 Curle 的理论推广到有任意运动固体边界存在的流动发声问题中，即物体在流体中运动的发声问题，形成了著名的 FW-H 方程。

　　FW-H 方程主要是应用控制面来计算远声场，其控制方程由流体力学的基本控制方程推导而得，并且考虑控制面在流体中的影响，其控制方程的形式如下

$$\frac{\partial^2 p'}{a_0^2 \partial t^2} - \nabla^2 p' = \frac{\partial^2}{\partial x_i \partial x_j} \{ T_{ij} H(f) \} - \frac{\partial}{\partial x_i} \{ [P_{ij} n_j + \rho u_i (u_n - v_n)] \delta(f) \} +$$

$$\frac{\partial}{\partial t} \{ [\rho_0 v_n + \rho (u_n - v_n)] \delta(f) \}$$

$$\tag{5-31}$$

其中，$T_{ij}$ 与 Lighthill 应力张量中的定义一样，$H(f)$ 为 Heaviside 函数。上面的控制方程运用自由空间广义 Green 函数方法就可以得到既有面积分又有体积分的积分方程，面积分代表了控制面以内的单极子、偶极子、四极子源的作用，体积分代表控制面以外的四极子源的作用。通常情况下，体积分所起的作用不大，可以忽略，因此 FW-H 方程的解简化表达成如下形式

$$p'(x,t) = p'_T(x,t) + p'_L(x,t) + p'_Q(x,t) \tag{5-32}$$

其中体积分 $p'_Q(x, t)$ 可以忽略不计，FW-H 方法将控制方程中的源项分成三部分，每部分都有具体的物理意义，有助于对噪声源的理解，而且对源项的分解使得数值计算过程中可以忽略次要的源项。

在已知流场中的速度、压强等分布时，通过 FW-H 方程即可求得气动噪声声场的声强分布，从而研究其噪声特性及其分布规律。

### 5.2.4　计算流程

在对火箭发动机喷流流动及噪声理论有所掌握之后，便可以开展喷流噪声的计算仿真工作，其流程如图 5-1 所示。

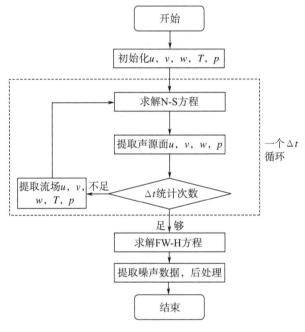

图 5-1　计算流程

在对流场进行计算时，采用密度基方法求解，主要步骤如下：

1）给出 $u$、$v$、$w$、$p$、$T$ 的初始值 $u_0$、$v_0$、$w_0$、$p_0$ 及 $T_0$；

2）用二阶迎风插值方法分别求解动量方程；

3）求解压力修正方程与压力；

4）计算速度 $u$，$v$，$w$；

5）用二阶迎风插值方法求解能量方程，计算过程中采用的二阶迎风插值方法用下述三点插值函数构造界面函数

$$y(\chi) = \sum_{i=0}^{i=2} \ell_i(\chi) y_i$$

其中

$$\ell_0 = \frac{(\chi - \chi_1)(\chi - \chi_2)}{(\chi_0 - \chi_1)(\chi_0 - \chi_2)}, \ell_1 = \frac{(\chi - \chi_0)(\chi - \chi_2)}{(\chi_1 - \chi_0)(\chi_1 - \chi_2)}, \ell_2 = \frac{(\chi - \chi_0)(\chi - \chi_1)}{(\chi_2 - \chi_1)(\chi_2 - \chi_0)}$$

用三点插值公式，并考虑迎风特性，即可得到各方向上的界面插值公式，计算中的边界条件及燃气属性按发动机参数给定；

6）求解其他变量 $k$，$\varepsilon$ 等；

7）以上述计算的 $u$、$v$、$w$、$T$、$p$ 作为初始值，返回第 2）步，重复上述计算过程至收敛。

8）得到收敛流场的解后，把声源面上的统计信息代入 FW - H 方程进行计算求解；

9）提取噪声数据，进行后处理，得到相关噪声量。

喷流噪声计算中，声源面的选取至关重要，错误的声源面选取会导致计算结果与实际现象不符。在火箭喷流中，声源面选取应遵循以下原则：

1）声源面应在外流场区域内选取；

2）声源面为一锥面，应包括大部分喷流流动区域；

3）其他区域，如喷管出口端面等，不宜作为声源面。

声源面选取示意如图 5 - 2 所示，锥形声源面包括了大部分的湍流流动区域，通常认为湍流流动区域即为喷流噪声源，故声源面为锥面；同时声源面应处在外流场区域内，这是由于喷流噪声是在连续介质中传播的，当声源面选取超出外流场计算区域时，则在计算过程中提取不到声源面上的速度、压力等数据，进而也无法求解声波方程，故应在外流场区域范围内选取声源面。

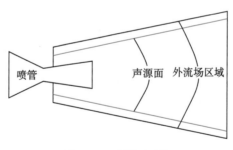

图 5 - 2　声源面选取

## 5.3　数值校验

通过超声速冷喷流试验数据、超声速热喷流试验数据校验数值仿真模型的准确性，采用 RNG 和 LES 两种湍流模型进行数值仿真，对比两种模型的计算精度。

### 5.3.1　超声速冷喷流噪声计算

针对第 3 章中的试验 1 工况开展数值仿真，与试验测量结果进行对比，分析数值仿真方法的准确性和适用性。

#### 5.3.1.1　计算工况

试验 1 喉部直径为 $d_t = 5\ \text{mm}$，出口直径 $d_e = 10.3\ \text{mm}$，出口马赫数 $Ma = 3$，来流压强 $P_a = 1.3\ \text{MPa}$。计算区域网格划分如图 5-3 所示，外流场区域长度为 $50d_e$，宽度为 $(15 \sim 30)d_e$。

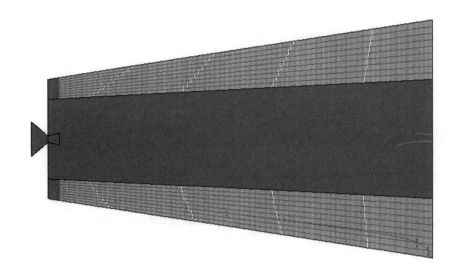

图 5-3　网格划分

其中，声源面要包含喷流流场区域，长度与外流场区域相同（为 $50d_e$），宽度为 $(10 \sim 15)d_e$。对声源面内的流场区域进行网格加密，以获得更为准确的流场参数，对流场进行三维非稳态数值仿真，时间步长 $\Delta t = 2.0 \times 10^{-5}\ \text{s}$，极限频率为 25 kHz，满足 20 Hz ～20 kHz 的分析频率要求。喷管入口为压力入口条件，外流场轴向出口选为压力出口条件，声源面为内部边界条件。

#### 5.3.1.2　计算结果分析

试验 1 数值仿真结果如图 5-4 所示，由于喷管出口截面的超声速喷流压强小于外界压强，因此在喷管出口产生激波，喷流经过激波后，速度降低，压强升高，且流动方向向内压缩，流动到达流场中心轴线时，流体压强大于外界压强，会产生一个新的膨胀波，流体经过膨胀波后速度升高，压强降低，且流动方向向外扩张，当流体流动到自由边界处时，压强降低到外界压强以下，因为气流到自由边界上必须满足压强相等，所以减压后的流体流动必然受到压缩而产生激波。从以上分析可知，喷管出口之后的超声速流场是膨胀波和激波交替出现的流场。

图 5-5 为喷管出口位置起，超声速喷流流场中心轴线上的速度、压强分布曲线。从图中可以看出，喷管出口速度先减小后增大，喷管出口压强先增大后减小，证明喷管出口先出现激波，后出现膨胀波，由于喷流核心区激波串的存在，喷管出口速度、压强发生周期性变化，在经历 5 个变化周期后该特征消失。

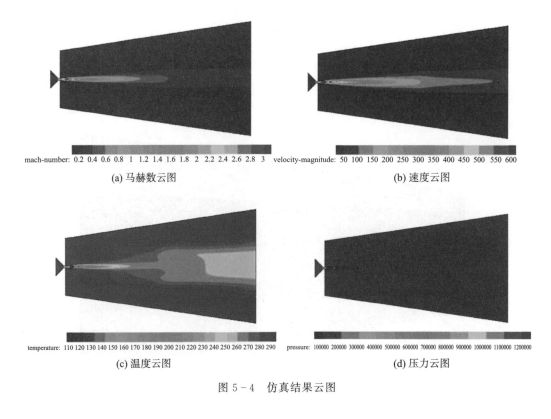

图 5-4　仿真结果云图

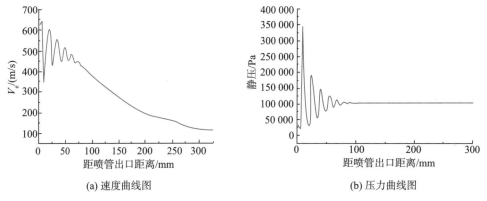

图 5-5　喷管轴线上参数曲线

　　采用 RNG 和 LES 两种湍流模型进行数值仿真，总声压级对比如图 5-6 所示，可以看出采用 RNG 模型时，总声压级计算值普遍偏低，最大计算误差达到 20.9 dB；采用 LES 湍流模型时，1、2 号测点计算值偏低，其余测点计算值偏高，最大误差 6.7 dB，两种计算模型基本可以描绘出总声压级随测点的变化趋势。综合分析，LES 湍流模型的计算精度更高，基本满足使用要求，验证了数值仿真方法计算超声速冷喷流噪声的可行性。不同测点总声压级计算误差见表 5-1。

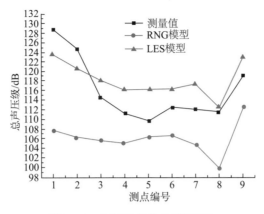

图 5-6　不同测点总声压级对比

表 5-1　不同测点总声压级计算误差

| 测点编号 | 1 | 2 | 3 | 4 | 5 | 6 | 7 | 8 | 9 |
|---|---|---|---|---|---|---|---|---|---|
| 测量值/dB | 128.7 | 124.7 | 114.8 | 111.1 | 109.7 | 112.6 | 112.1 | 111.5 | 119.1 |
| LES 模型/dB（测量值－计算值） | 5.4 | 4.1 | −3.3 | −5.0 | −6.7 | −3.9 | −5.1 | −0.9 | −4.0 |
| RNG $k-\varepsilon$ 模型/dB（测量值－计算值） | 20.9 | 18.4 | 9.3 | 6.0 | 3.2 | 5.9 | 7.1 | 11.6 | 6.6 |

### 5.3.2　超声速热喷流噪声计算

　　火箭发动机喷流噪声数值仿真是一个极其复杂的过程，要建立考虑所有因素的数值模型比较困难。本节忽略两相流、多组分和化学反应等影响，对火箭发动机喷流流场进行三维非稳态数值模拟，根据湍流结构确定声源面并基于之前建立的喷流噪声计算模型进行数值仿真，获取火箭发动机喷流噪声场分布，与试验结果进行对比，验证数值仿真方法在计算热喷流噪声时的准确性。

#### 5.3.2.1　计算工况

　　针对第 4 章中的试验 3 状态开展数值仿真，流场区域划分如图 5-7 所示，计算工况见表 5-2。

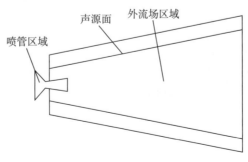

图 5-7　流场区域划分

表 5 - 2　计算工况表

| 参数类型 | 参数数值 |
| --- | --- |
| 总压 $P$ | 1.9 MPa |
| 总温 $T$ | 2 300 K |
| 环境温度 $T_e$ | 300 K |
| 燃气比热比 $\gamma$ | 1.2 |
| 定压比热容 $C_p$ | 2 711 J/(kg·K) |
| 导热系数 | 0.167 W/(m·K) |
| 黏性系数 | $8.13 \times 10^{-5}$ kg/(m·s) |
| 分子量 | 18.4 |

#### 5.3.2.2　计算结果分析

　　试验 3 的喷流流场计算结果如图 5 - 8 所示，从图中可以看出，喷流流场存在复杂的膨胀压缩波系。与 5.3.1 节超声速冷喷流流场类似，由于喷管出口压强小于环境压强，气体在出口处先进行压缩，流场的结构为先压缩后膨胀，再压缩、膨胀的一个循环过程。

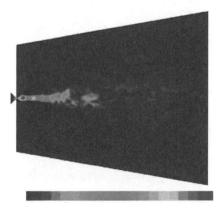

mach-number: 0.2 0.4 0.6 0.8 1.0 1.2 1.4 1.6 1.8 2.0 2.2 2.4 2.6 2.8 3.0 3.2 3.4 3.6 3.8

(a) 马赫数云图

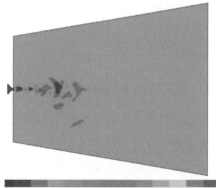

pressure: 9900 50741. 791583. 43132425 173267 214108 254950 295792 336633 377475 418317 4591458 500000

(b) 压力云图

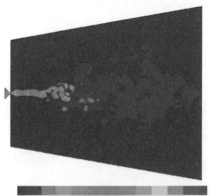

temperature: 200 400 600 800 1000 120 1400 1600 1800 2000 2200 2400 2600

(c) 温度云图

velocity-magnitude: 200 400 600 800 1000 120 1400 1600 1800 2000 2200 2400

(d) 速度云图

图 5 - 8　仿真结果云图

喷流轴向中心线上参数曲线如图 5-9 所示，观察喷管出口压强、速度的变化趋势，喷管出口压强先增大后减小，呈周期性变化，在距离出口 200 mm 以外周期性变化消失；喷管出口速度先减小后增大，呈周期性变化，在距离出口 200 mm 以外周期性变化消失。从图中观察喷管出口的湍流特性，在距离出口 200～300 mm 处湍流强度最大，之后湍流充分发展并逐渐衰减。

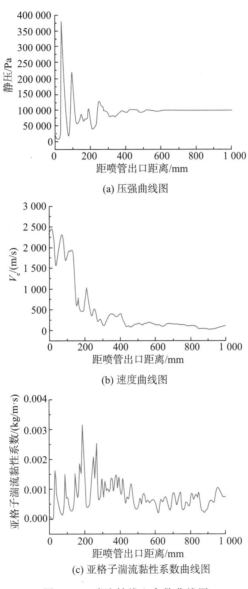

(a) 压强曲线图

(b) 速度曲线图

(c) 亚格子湍流黏性系数曲线图

图 5-9　喷流轴线上参数曲线图

采用 LES 和 RNG 湍流模型计算，总声压级对比如图 5-10 所示。可以看出 LES 模型的计算值比 RNG 模型要高，且计算精度 LES 模型更高，最大计算误差 3.6 dB，不同测点总声压级计算误差见表 5-3。由此可见，LES 湍流模型在计算超声速热喷流噪声时精度更高，适用性更好。

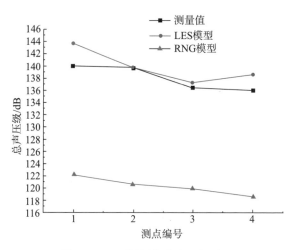

图 5 - 10　不同测点总声压级对比

**表 5 - 3　不同测点总声压级计算误差**

| 测点编号 | 1 | 2 | 3 | 4 |
|---|---|---|---|---|
| 测量值/dB | 140.1 | 139.5 | 136.2 | 135.9 |
| LES 模型/dB | 3.6 | 0.1 | 1 | 2.7 |
| RNG 模型/dB | −18.1 | −18.8 | −16.3 | −17.3 |

总的看来，对于超声速冷喷流噪声，数值仿真方法能够计算出总声压级随测点角度和距离的变化规律，且采用 LES 湍流模型精度更高，最大计算误差 6.7 dB；对于超声速热喷流噪声，LES 模型计算精度高，最大总声压级计算误差 3.6 dB，进一步验证了 LES 湍流模型在进行流场计算和噪声计算时的准确性；数值仿真能够较好地捕捉喷流噪声的总声压级，能够反映出噪声的辐射特性规律。

## 5.4　燃气参数对喷流噪声特性影响研究

针对 5.3.2 节数值校验使用的喷管，计算燃烧室气体在不同总温 $T$、不同总压 $P$、不同气体常数 $R$ 状态下的自由喷流噪声特性，研究它们对噪声特性的影响。

### 5.4.1　采样点布局

采样点布局仍采用 GB/T 3767—1996 中推荐的半球形布置方案，以喷流轴向为 $X$ 轴，喷流径向为 $Y$ 轴，各采样点的位置参数见表 5 - 4，采样点位置如图 5 - 11 所示。其中 1～17 号采样点距喷管出口距离为 0.5 m，18～34 号采样点距喷管出口距离为 1 m，35～51 号采样点距喷管出口距离为 2 m。

### 表 5 - 4　采样点参数表

| 采样点编号 | 到喷管出口距离 $R_e$ /m | 与喷流轴向夹角 $\theta$ /(°) | $X$ /mm | $Y$ /mm |
|---|---|---|---|---|
| 1 | | 20 | 469 | 171 |
| 2 | | 30 | 433 | 250 |
| 3 | | 40 | 383 | 321 |
| 4 | | 50 | 321 | 383 |
| 5 | | 60 | 250 | 433 |
| 6 | | 70 | 171 | 469 |
| 7 | | 80 | 86 | 492 |
| 8 | | 90 | 0 | 500 |
| 9 | 0.5 | 100 | −86 | 492 |
| 10 | | 110 | −171 | 469 |
| 11 | | 120 | −250 | 433 |
| 12 | | 130 | −321 | 383 |
| 13 | | 140 | −383 | 321 |
| 14 | | 150 | −433 | 250 |
| 15 | | 160 | −469 | 171 |
| 16 | | 170 | −492 | 86 |
| 17 | | 180 | −500 | 0 |
| 18 | | 20 | 939 | 342 |
| 19 | | 30 | 866 | 500 |
| 20 | | 40 | 766 | 642 |
| 21 | | 50 | 642 | 766 |
| 22 | | 60 | 500 | 866 |
| 23 | | 70 | 342 | 939 |
| 24 | | 80 | 173 | 984 |
| 25 | | 90 | 0 | 1000 |
| 26 | 1 | 100 | −173 | 984 |
| 27 | | 110 | −342 | 939 |
| 28 | | 120 | −500 | 866 |
| 29 | | 130 | −642 | 766 |
| 30 | | 140 | −766 | 642 |
| 31 | | 150 | −866 | 500 |
| 32 | | 160 | −939 | 342 |
| 33 | | 170 | −984 | 173 |
| 34 | | 180 | −1000 | 0 |

**续表**

| 采样点编号 | 到喷管出口距离 $R_e$ /m | 与喷流轴向夹角 $\theta$ /(°) | $X$ /mm | $Y$ /mm |
|:---:|:---:|:---:|:---:|:---:|
| 35 | | 20 | 1879 | 684 |
| 36 | | 30 | 1732 | 1000 |
| 37 | | 40 | 1532 | 1285 |
| 38 | | 50 | 1285 | 1532 |
| 39 | | 60 | 1000 | 1732 |
| 40 | | 70 | 684 | 1879 |
| 41 | | 80 | 347 | 1969 |
| 42 | | 90 | 0 | 2000 |
| 43 | 2 | 100 | −347 | 1969 |
| 44 | | 110 | −684 | 1879 |
| 45 | | 120 | −1000 | 1732 |
| 46 | | 130 | −1285 | 1532 |
| 47 | | 140 | −1532 | 1285 |
| 48 | | 150 | −1732 | 1000 |
| 49 | | 160 | −1879 | 684 |
| 50 | | 170 | −1969 | 347 |
| 51 | | 180 | −2000 | 0 |

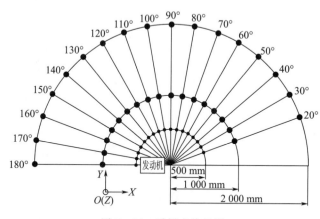

图 5 - 11 采样点位置图

### 5.4.2 总温对噪声特性影响研究

在此研究中，保证喷管构型不变、燃气总压 $P$ 不变、气体常数 $R$ 不变，配置总温分别为 300 K、2 300 K、3 000 K，研究总温 $T$ 对噪声特性的影响。

控制气体常数 $R = 346$、总压 $P = 1.3$ MPa 不变，研究总温对噪声特性的影响。距喷管出口距离 $R_e = 1$ m 各采样点总声压级如图 5 - 12 所示。从图中可以看出，随着总温从 300 K 上升到 2 300 K，各采样点总声压级上升，最大上升 15.5 dB，发生在 20°采样点处；

随着总温从 2 300 K 上升到 3 000 K，各采样点总声压级上升，最大上升 4.7 dB，发生在 180°采样点处。

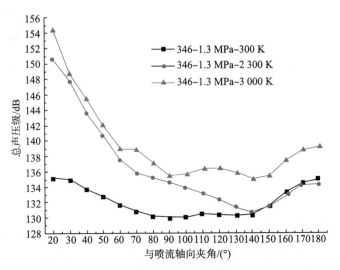

图 5 - 12　采样点总声压级

流场数值仿真云图如图 5 - 13 所示。从图中可以看出，随着总温上升，喷管出口速度变大，喷流核心区（层流核心区）变短，喷管出口马赫数和静压并未发生明显变化。

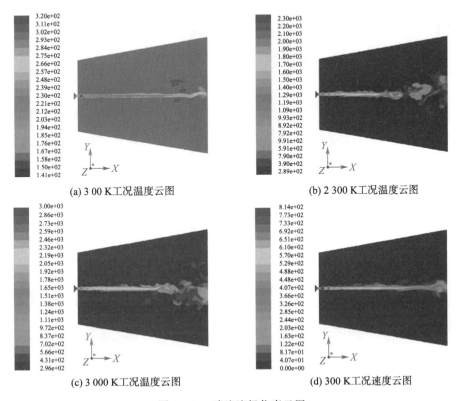

(a) 3 00 K 工况温度云图　　　　　　　　(b) 2 300 K 工况温度云图

(c) 3 000 K 工况温度云图　　　　　　　　(d) 300 K 工况速度云图

图 5 - 13　喷流流场仿真云图

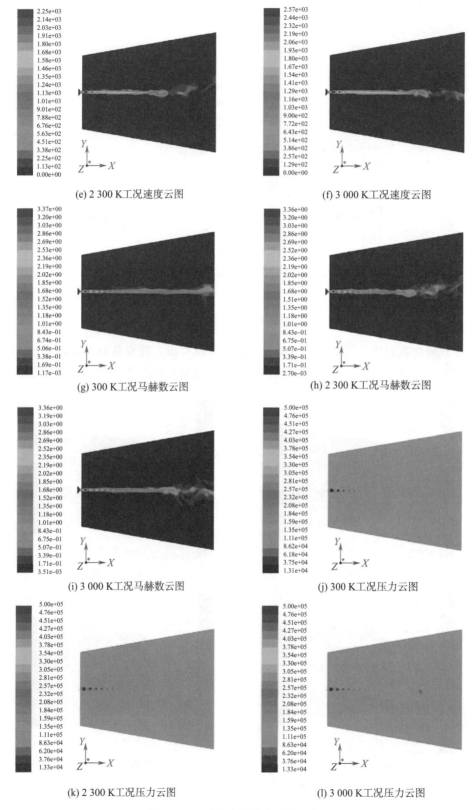

(e) 2 300 K工况速度云图 　　　　　(f) 3 000 K工况速度云图

(g) 300 K工况马赫数云图 　　　　　(h) 2 300 K工况马赫数云图

(i) 3 000 K工况马赫数云图 　　　　　(j) 300 K工况压力云图

(k) 2 300 K工况压力云图 　　　　　(l) 3 000 K工况压力云图

图 5 - 13　喷流流场仿真云图（续）

喷流轴线上各参数曲线如图 5 - 14 所示，从图中可以看出，随着燃气总温的上升，喷管出口静压变化很小，而喷管出口静温增大，喷管出口速度增大，噪声总声压级随之上升。随着总温从 300 K 增加到 2 300 K，喷管出口速度增加明显，噪声总声压级明显上升，随着总温从 2 300 K 增加到 3 000 K，喷管出口速度上升，噪声总声压级也相应上升。

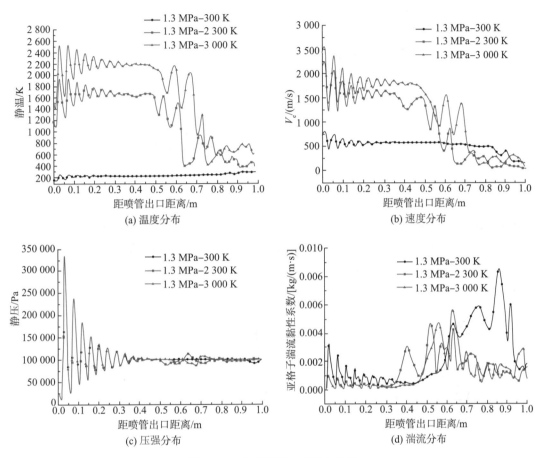

图 5 - 14　喷流轴线上参数曲线图

### 5.4.3　总压对噪声特性影响研究

在此研究中，保证喷管构型不变、燃气总温 $T$ 不变、气体常数 $R$ 不变，配置总压分别为 1.3 MPa、1.9 MPa、4 MPa，研究总压 $P$ 对噪声特性的影响。

控制气体常数 $R = 554$、总温 $T = 2\ 300$ K 不变，研究总压对噪声特性的影响。距喷管出口距离 $R_e = 1$ m 各采样点总声压级如图 5 - 15 所示。从图中可以看出，随着总压从 1.3 MPa 上升到 1.9 MPa，各采样点总声压级变化不大，最大上升 1.7 dB，发生在 40°采样点处；随着总压从 1.9 MPa 上升到 4 MPa，各采样点总声压级上升，最大上升 7.6 dB，发生在 20°采样点处。

流场数值仿真云图如图 5 - 16 所示。从图中可以看出，随着总压的上升，喷管出口静

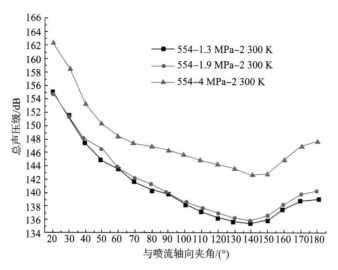

图 5-15 采样点总声压级

压分布逐渐变化,喷管出口的波系结构发生改变,影响喷流噪声中的宽频激波噪声,从而影响喷流噪声总声压级。随着总压从 1.3 MPa 上升到 1.9 MPa,喷管出口速度、出口马赫数、出口静温基本不变,而随着总压从 1.9 MPa 上升到 4 MPa,喷管出口速度变大,出口马赫数变小,出口静温变小,影响喷流的湍流结构,从而影响喷流噪声总声压级。

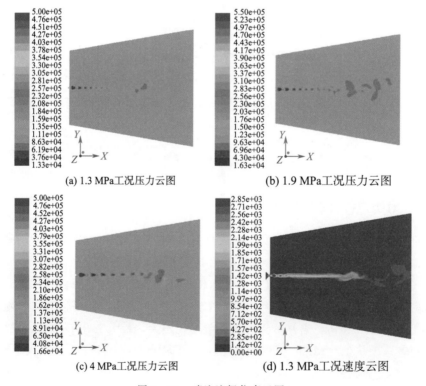

图 5-16 喷流流场仿真云图

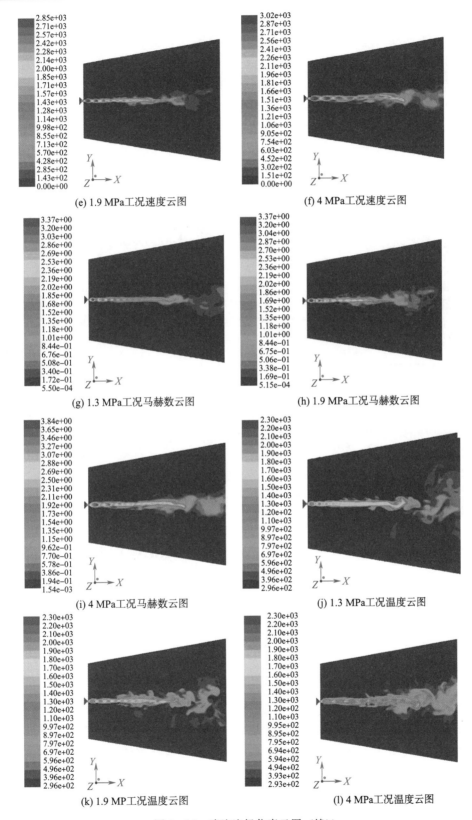

(e) 1.9 MPa工况速度云图　　　　　　　(f) 4 MPa工况速度云图

(g) 1.3 MPa工况马赫数云图　　　　　　(h) 1.9 MPa工况马赫数云图

(i) 4 MPa工况马赫数云图　　　　　　　(j) 1.3 MPa工况温度云图

(k) 1.9 MP工况温度云图　　　　　　　(l) 4 MPa工况温度云图

图 5-16　喷流流场仿真云图（续）

喷流轴线上各参数曲线如图 5-17 所示。从图 5-17（a）观察喷管出口静压分布，随着总压从 1.3 MPa 上升到 4 MPa，喷管出口静压分布变化显著，第一道激波位置从 0.03 m 后移到 0.1 m，喷管出口波系结构变化明显。由图 5-17（b）和图 5-17（c）观察喷管出口速度、静温分布，随着总压从 1.3 MPa 上升到 4 MPa，喷管出口静温下降，出口速度增加，噪声总声压级上升。且总压为 4 MPa 时，喷管出口速度先上升后下降、静温先下降后上升，证明此时喷管为欠膨胀状态，喷管出口先出现膨胀波，后出现激波。由图 5-17（d）观察喷管出口湍流分布，随着总压从 1.3 MPa 上升到 4 MPa，湍流强度逐渐增大，噪声总声压级上升。

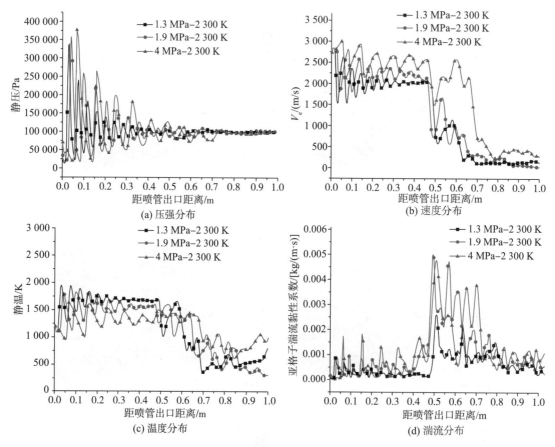

图 5-17　喷流轴线上参数曲线图

### 5.4.4　气体常数对噪声特性影响研究

在此研究中，保证喷管构型不变、燃气总压 $P$ 不变、总温 $T$ 不变，配置气体常数分别为 296 K、346 K、554 K，研究气体常数 $R$ 对噪声特性的影响。

控制总压 $P = 1.9$ MPa、总温 $T = 2\,300$ K 不变，研究气体常数对噪声特性的影响。距喷管出口距离 $R_e = 1$ m 各采样点总声压级如图 5-18 所示。从图中可以看出，随着气体常数从 296 上升到 346，各采样点总声压级下降，最大下降 4.5 dB，发生在 160°～180° 采样点处；随着气体常数从 346 上升到 554，各采样点总声压级上升，最大上升 4.5 dB，发生在 50°采样点处。

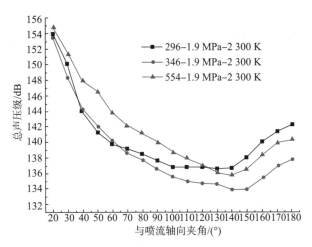

图 5 - 18　采样点总声压级

流场数值仿真云图如图 5 - 19 所示。从图中可以看出，随着气体常数从 296 增加到 346，喷管出口马赫数、喷管出口静压及静温并未发生明显变化，而喷管出口速度略有上升，噪声总声压级却下降，分析这种现象产生的原因，是由于湍流分布结构的不同导致的。随着气体常数从 346 增加到 554，喷管出口马赫数、喷管出口静压及静温并未发生明显变化，喷管出口速度明显上升，噪声总声压级随之上升。

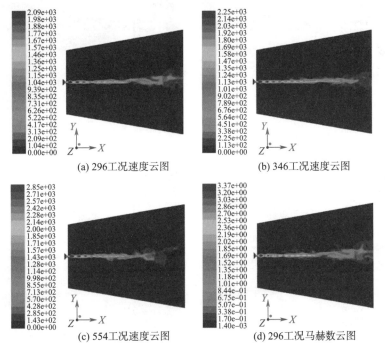

图 5 - 19　喷流流场仿真云图

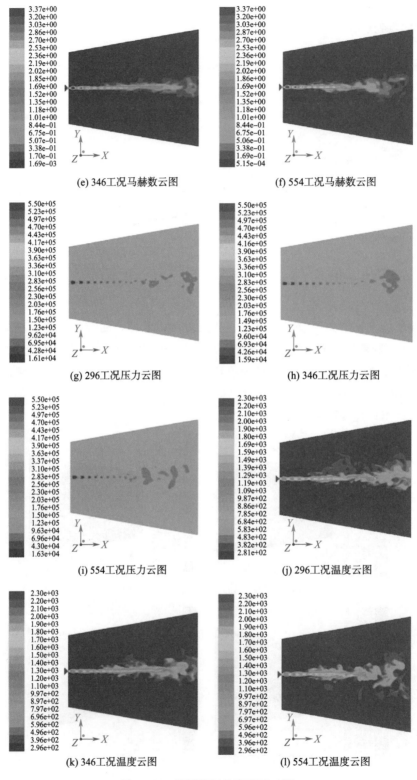

(e) 346工况马赫数云图　　　　　　　(f) 554工况马赫数云图

(g) 296工况压力云图　　　　　　　(h) 346工况压力云图

(i) 554工况压力云图　　　　　　　(j) 296工况温度云图

(k) 346工况温度云图　　　　　　　(l) 554工况温度云图

图 5-19　喷流流场仿真云图（续）

喷流轴线上各参数曲线如图 5 - 20 所示。由图 5 - 20（a）观察喷管出口速度分布，随着气体常数 R 从 296 上升到 554，喷管出口速度上升。从图 5 - 20（b）可以看出，随着气体常数 R 的改变，喷管出口静温分布在轴向位置 0.5 m 以内并未发生明显变化，在轴向位置 0.5 m 以外变化剧烈，无明显规律，分析这种现象产生的原因，轴向位置 0.5 m 以外湍流流动加剧，静温变化剧烈。从图 5 - 20（c）可以看出，随着气体常数 R 的改变，喷管出口静压分布并未发生明显变化。从图 5 - 20（d）可以看出，随着气体常数 R 从 296 上升到 346，湍流变化剧烈位置后移，各采样点距湍流混合噪声声源距离增大，总声压级下降；随着气体常数 R 从 346 上升到 554，湍流变化剧烈位置前移，各采样点距湍流混合噪声声源距离减小，总声压级上升。

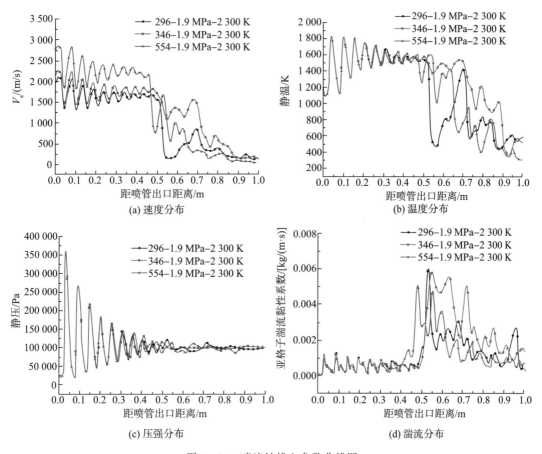

图 5 - 20　喷流轴线上参数曲线图

### 5.4.5　计算结果拟合

数值仿真工况见表 5 - 5，数值仿真结果见表 5 - 6。根据数值仿真结果提取喷管工作参数，通过数值计算结果拟合公式，建立喷管工作参数与噪声总声功率的定量关系。

（1）求得均方声压

数值仿真获得的是各采样点噪声总声压级，需要求得距离为 $R_e$ 的采样点所在球面的

均方声压 $\bar{p}$

$$\overline{SPL} = \left( \frac{1}{N} \sum_{i=1}^{N} 10^{SPL_i/10} \right)$$

(5-33)

$$\bar{p}^2 = 4 \times 10^{\frac{\overline{SPL}}{10} - 10}$$

式中　　$SPL_i$——距离为 $R_e$ 的球面上每个采样点总声压级；

　　　　$N$——采样点个数；

　　　　$\overline{SPL}$——平均声压级；

　　　　$\bar{p}$——该球面上的均方声压。

（2）计算喷流噪声总声功率

喷流噪声总声功率 $w_{oa}$ 的计算公式如下

$$w_{oa} = \frac{\bar{p}^2}{\rho_a c_a} 4\pi R_e^2$$

(5-34)

式中　　$4\pi R_e^2$——距离为 $R_e$ 的采样点所在球面面积；

　　　　$\bar{p}$——该球面上的均方声压；

　　　　$\rho_a$——环境密度；

　　　　$c_a$——环境声速。

（3）通过偏最小二乘法进行回归分析

偏最小二乘法是一种多元统计数据方法，与传统多元线性回归方法相比，具有以下优点：

1）能够在自变量存在严重相关性的情况下进行回归建模；

2）允许在样本点个数少于变量个数的条件下进行回归建模；

3）偏最小二乘法回归模型更易于识别系统信息中的随机性误差。

进行回归分析的原始数据见表 5-7，由于偏最小二乘法是一种多元线性回归模型，因此需要各参数取对数后再进行回归分析。各参数拟合系数（灵敏度）如图 5-21 所示，自变量 1、2、3、4、5 分别代表总压 $P$、总温 $T$、气体常数 $R$、流量 $\dot{m}$ 和喷流速度 $U_e$。从图中可以看出，气体常数 $R$ 对声功率的影响较小，这与 5.4.4 节得出的结论相矛盾。分析这种现象产生的原因，依据流量计算公式和速度计算公式

$$\dot{m} = \Gamma \frac{PA_t}{\sqrt{RT}}, \Gamma = \sqrt{\gamma_e} \left( \frac{2}{1+\gamma_e} \right)^{\frac{\gamma_e+1}{2(\gamma_e-1)}}$$

$$U_e = \sqrt{\gamma_e R T_e} Ma = Ma \sqrt{\frac{\gamma_e R T}{\left(1 + \frac{\gamma_e - 1}{2} Ma^2\right)}}$$

(5-35)

式中　　$\gamma_e$——燃气比热比；

　　　　$Ma$——出口马赫数；

　　　　$T_e$——出口温度。

从式（5-35）可以看出，气体常数 $R$ 和总温 $T$ 与流量 $\dot{m}$ 和喷流速度 $U_e$ 高度相关，而

流量 $\dot{m}$ 和速度 $U_e$ 的拟合系数（灵敏度）较高，气体常数 $R$ 和总温 $T$ 对总声功率 $w_{oa}$ 的影响可通过 $\dot{m}$ 和速度 $U_e$ 体现，而在数值仿真工作中，总温 $T$ 的变化范围（$300\sim3\,000$ K）较气体常数 $R$（$296\sim554$）更大，对总声功率的影响也更易体现。因此在进行拟合时造成气体常数 $R$ 的系数（灵敏度）偏低，剔除气体常数 $R$。总压 $P$ 和总温 $T$ 的系数为 $0.5$，依据式（5-35）关于 $P$、$T$ 的影响也可通过流量 $\dot{m}$ 表示。选择四个自变量总压 $P$、总温 $T$、流量 $\dot{m}$、喷流速度 $U_e$ 拟合公式；同时选择两个自变量流量 $\dot{m}$ 和喷流速度 $U_e$ 拟合公式，比较两组公式的差异

$$w_{oa} = \frac{\sqrt{PT\dot{m}U_e^2}}{577^2} \tag{5-36}$$

$$w_{oa} = \frac{\dot{m}U_e^3}{900^2} \tag{5-37}$$

各工况下声功率散点图和拟合曲线如图 5-22 所示，从图中可以看出，总声功率 $w_{oa}$ 基本与 $\sqrt{PT\dot{m}U_e^2}$ 和 $\dot{m}U_e^3$ 成正比，两组公式的拟合精度相差不大。式（5-37）较式（5-36）形式更为简便，且根据流量公式（5-35），总压 $P$、总温 $T$ 的影响可通过流量 $\dot{m}$ 体现，故选取式（5-37）作为最终的拟合公式，构建喷管工作参数与总声功率之间的定量关系。

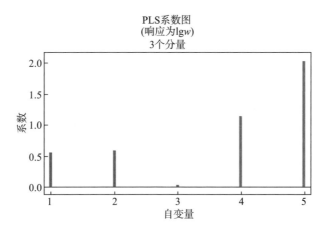

图 5-21　各参数拟合系数图

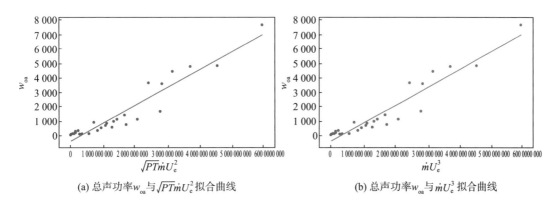

(a) 总声功率 $w_{oa}$ 与 $\sqrt{PT\dot{m}U_e^2}$ 拟合曲线　　　　(b) 总声功率 $w_{oa}$ 与 $\dot{m}U_e^3$ 拟合曲线

图 5-22　总声功率拟合曲线图

表 5 - 5　数值仿真工况表

| 工况编号 | 气体常数 $R$ | 定压比热 $C_p$ | 总压/MPa | 总温/K | 喉部直径/mm | 出口直径/mm | 出口马赫数 | 出口速度/(m/s) | 流量/(kg/s) |
|---|---|---|---|---|---|---|---|---|---|
| 1 | | | 1.3 | 300 | 12 | 28 | 3 | 675 | 0.32 |
| 2 | | | 1.3 | 2 300 | 12 | 28 | 3 | 1 864 | 0.11 |
| 3 | | | 1.3 | 3 000 | 12 | 28 | 3 | 2 129 | 0.10 |
| 4 | | | 1.9 | 300 | 12 | 28 | 3 | 681 | 0.47 |
| 5 | 296 | 1 789 | 1.9 | 2 300 | 12 | 28 | 3 | 1 889 | 0.17 |
| 6 | | | 1.9 | 3 000 | 12 | 28 | 3 | 2 157 | 0.15 |
| 7 | | | 4 | 300 | 12 | 28 | 3 | 687 | 0.98 |
| 8 | | | 4 | 2 300 | 12 | 28 | 3 | 1 905 | 0.36 |
| 9 | | | 4 | 3 000 | 12 | 28 | 3 | 2 175 | 0.31 |
| 10 | | | 1.3 | 300 | 12 | 28 | 3 | 724 | 0.29 |
| 11 | | | 1.3 | 2 300 | 12 | 28 | 3 | 2 000 | 0.11 |
| 12 | | | 1.3 | 3 000 | 12 | 28 | 3 | 2 283 | 0.09 |
| 13 | | | 1.9 | 300 | 12 | 28 | 3 | 738 | 0.43 |
| 14 | 346 | 2 074 | 1.9 | 2 300 | 12 | 28 | 3 | 2 037 | 0.16 |
| 15 | | | 1.9 | 3 000 | 12 | 28 | 3 | 2 325 | 0.14 |
| 16 | | | 4 | 300 | 12 | 28 | 3 | 745 | 0.91 |
| 17 | | | 4 | 2 300 | 12 | 28 | 3 | 2061 | 0.33 |
| 18 | | | 4 | 3 000 | 12 | 28 | 3 | 2353 | 0.29 |
| 19 | | | 1.3 | 300 | 12 | 28 | 3 | 914 | 0.23 |
| 20 | | | 1.3 | 2 300 | 12 | 28 | 3 | 2 526 | 0.08 |
| 21 | | | 1.3 | 3 000 | 12 | 28 | 3 | 2 884 | 0.07 |
| 22 | | | 1.9 | 300 | 12 | 28 | 3 | 932 | 0.34 |
| 23 | 554 | 3 315 | 1.9 | 2 300 | 12 | 28 | 3 | 2 574 | 0.12 |
| 24 | | | 1.9 | 3 000 | 12 | 28 | 3 | 2 973 | 0.11 |
| 25 | | | 4 | 300 | 12 | 28 | 3 | 942 | 0.72 |
| 26 | | | 4 | 2 300 | 12 | 28 | 3 | 2 604 | 0.26 |
| 27 | | | 4 | 3 000 | 12 | 28 | 3 | 2 977 | 0.23 |

表 5 - 6　数值仿真结果数据表

| | 总声压级/dB | | | | | | | | |
|---|---|---|---|---|---|---|---|---|---|
| | 计算工况编号 | | | | | | | | |
| 采样点编号 | 1 | 2 | 3 | 4 | 5 | 6 | 7 | 8 | 9 |
| 1 | 132.7 | 141.3 | 144.9 | 132 | 141.2 | 141 | 133.7 | 145.9 | 152 |
| 2 | 140.5 | 149.2 | 146.1 | 140.4 | 147.8 | 150.1 | 139.2 | 153.4 | 154.6 |
| 3 | 138.8 | 147.6 | 144 | 138.5 | 145.7 | 147.7 | 137.4 | 152.6 | 153 |

**续表**

| | 总声压级/dB | | | | | | | | |
|---|---|---|---|---|---|---|---|---|---|
| | 计算工况编号 | | | | | | | | |
| 4 | 137.3 | 146.3 | 142.4 | 137.1 | 144.2 | 146.1 | 135.9 | 151.5 | 151.9 |
| 5 | 136.1 | 145.2 | 141.2 | 136 | 143.2 | 144.8 | 134.6 | 150.5 | 151 |
| 6 | 135.2 | 144.2 | 140.4 | 135.1 | 142.4 | 143.8 | 133.6 | 149.9 | 150.2 |
| 7 | 134.6 | 143.4 | 139.7 | 134.4 | 141.7 | 143.1 | 132.7 | 149.2 | 149.6 |
| 8 | 134.3 | 142.9 | 139.1 | 134 | 141.3 | 142.1 | 132.1 | 148.7 | 149 |
| 9 | 134 | 142.2 | 138.6 | 133.6 | 141 | 141.5 | 131.4 | 148.2 | 148.6 |
| 10 | 133.4 | 141.5 | 137.1 | 133.1 | 140.4 | 140.9 | 130.7 | 147.6 | 148.1 |
| 11 | 132.9 | 140.6 | 136.9 | 132.6 | 139.8 | 140 | 130.2 | 146.6 | 147.4 |
| 12 | 133 | 140.3 | 136 | 132.5 | 139.7 | 139.5 | 129.9 | 145 | 147 |
| 13 | 134 | 141.4 | 136.5 | 133.2 | 140.6 | 140.1 | 129.9 | 145.2 | 147.8 |
| 14 | 135.4 | 143.2 | 138.5 | 134.3 | 142.3 | 141.6 | 130.1 | 147.9 | 149.3 |
| 15 | 136.6 | 144.7 | 140.3 | 135.4 | 143.8 | 143 | 130.3 | 150.4 | 150.9 |
| 16 | 137.3 | 145.7 | 141.5 | 136.2 | 144.8 | 143.8 | 130.4 | 152 | 152 |
| 17 | 137.5 | 146 | 141.9 | 136.4 | 145.3 | 143.9 | 130.4 | 152.6 | 152.4 |
| 18 | 139.9 | 151.9 | 152.4 | 136.5 | 154 | 155.7 | 133.9 | 158.2 | 160.1 |
| 19 | 137.5 | 147.3 | 148.4 | 137.5 | 150.1 | 150.3 | 135.9 | 154.9 | 156.7 |
| 20 | 132.4 | 141 | 145 | 134.8 | 144 | 146.5 | 136.2 | 150.9 | 152.7 |
| 21 | 131.6 | 141.2 | 140.5 | 132.9 | 141.3 | 144.1 | 134.4 | 148.1 | 149.6 |
| 22 | 131.1 | 140.2 | 137.8 | 131.8 | 139.8 | 142.7 | 132.3 | 147 | 148.1 |
| 23 | 130.7 | 139.6 | 137.5 | 130.9 | 139.2 | 141.5 | 130.9 | 146.3 | 147 |
| 24 | 130.2 | 139.6 | 136.7 | 130.2 | 138.4 | 139.9 | 129.8 | 145.9 | 146 |
| 25 | 129.6 | 139.4 | 135.6 | 129.6 | 137.7 | 138.9 | 129 | 145.4 | 145.4 |
| 26 | 129.6 | 139.3 | 135 | 129.6 | 136.9 | 138.6 | 128.3 | 145.2 | 145.1 |
| 27 | 129.8 | 139.2 | 135 | 129.6 | 136.9 | 138.4 | 127.9 | 145 | 144.8 |
| 28 | 129.6 | 138.8 | 134.9 | 129.6 | 136.9 | 138.2 | 127.4 | 145.1 | 144.8 |
| 29 | 129.4 | 138 | 134.3 | 129.3 | 136.6 | 137.5 | 127.1 | 144.6 | 144.6 |
| 30 | 129.9 | 137.6 | 133.5 | 129.5 | 136.7 | 136.7 | 127 | 142.9 | 144.3 |
| 31 | 131.4 | 138.8 | 134.1 | 130.6 | 138 | 137.5 | 127.2 | 142.9 | 145.1 |
| 32 | 133.1 | 140.9 | 136.4 | 132 | 140 | 139.4 | 127.5 | 146.2 | 147 |
| 33 | 134.2 | 142.4 | 138.2 | 133.1 | 141.5 | 140.7 | 127.7 | 148.6 | 148.6 |
| 34 | 134.5 | 142.9 | 138.8 | 133.5 | 142.2 | 141 | 127.8 | 149.6 | 149.3 |
| 35 | 124.4 | 137.6 | 137 | 126.8 | 136.3 | 139.8 | 127.4 | 138.6 | 140.1 |
| 36 | 127.2 | 138.2 | 138.2 | 125.1 | 138 | 140.7 | 125.3 | 140.2 | 141.7 |
| 37 | 127.3 | 138.2 | 139.8 | 126.3 | 140.7 | 142.3 | 125.4 | 141.6 | 143.2 |

**续表**

| | 总声压级/dB | | | | | | | | |
|---|---|---|---|---|---|---|---|---|---|
| | 计算工况编号 | | | | | | | | |
| 38 | 124.9 | 137.4 | 138.3 | 126.1 | 139.9 | 141.1 | 127.7 | 142.7 | 144.8 |
| 39 | 123.3 | 133.3 | 135.4 | 125 | 135.4 | 136 | 127.1 | 141.3 | 144 |
| 40 | 122.9 | 132.9 | 131.8 | 124.5 | 133.7 | 134 | 125.9 | 139.6 | 142 |
| 41 | 123.1 | 131.7 | 129.3 | 124 | 131.9 | 134.5 | 124.9 | 139 | 140.3 |
| 42 | 123.5 | 132.2 | 130.1 | 123.8 | 132 | 134.7 | 124.1 | 139.1 | 140 |
| 43 | 123.6 | 132.9 | 130.5 | 124 | 132.1 | 133.9 | 123.6 | 139.3 | 140 |
| 44 | 124 | 133.8 | 129.9 | 124.2 | 131.8 | 133.5 | 123.3 | 139.9 | 140 |
| 45 | 124.7 | 134.6 | 130.2 | 124.7 | 132 | 133.6 | 123.2 | 140.2 | 140 |
| 46 | 124.8 | 134.5 | 130.5 | 125 | 132.2 | 133.8 | 123 | 140.9 | 140.5 |
| 47 | 125.1 | 133.9 | 130.1 | 125.1 | 132.4 | 133.4 | 123 | 140.6 | 140.5 |
| 48 | 126.6 | 134.2 | 129.9 | 126 | 133.3 | 133.2 | 123.2 | 138.9 | 140.7 |
| 49 | 128.6 | 136.4 | 131.7 | 127.7 | 135.4 | 135 | 123.6 | 141.2 | 142.4 |
| 50 | 130.2 | 138.3 | 134.1 | 129.2 | 137.4 | 136.8 | 124 | 144.4 | 144.4 |
| 51 | 130.7 | 139.1 | 135 | 129.7 | 138.3 | 137.2 | 124 | 145.7 | 145.4 |

| | 总声压级/dB | | | | | | | | |
|---|---|---|---|---|---|---|---|---|---|
| | 计算工况编号 | | | | | | | | |
| 采样点编号 | 10 | 11 | 12 | 13 | 14 | 15 | 16 | 17 | 18 |
| 1 | 134.5 | 140.1 | 137.9 | 133.2 | 149.3 | 148.4 | 134.3 | 150.4 | 152.8 |
| 2 | 140.6 | 145.5 | 148.6 | 141.5 | 145.5 | 149.7 | 139.4 | 153.3 | 155.8 |
| 3 | 139 | 143.1 | 145.8 | 139.9 | 144 | 148 | 137.7 | 152 | 153.9 |
| 4 | 137.7 | 141.2 | 144 | 138.6 | 142.4 | 146.7 | 136.3 | 150.7 | 152.1 |
| 5 | 136.6 | 139.7 | 142.9 | 137.5 | 141.2 | 145.8 | 135.1 | 149.7 | 150.8 |
| 6 | 135.9 | 138.5 | 142.1 | 136.5 | 140.1 | 145 | 134.1 | 148.8 | 149.8 |
| 7 | 135.3 | 137.3 | 141.3 | 135.8 | 139.3 | 144.2 | 133.2 | 148 | 149 |
| 8 | 135 | 136.4 | 140.8 | 135.5 | 138.8 | 143.7 | 132.7 | 147.2 | 148.6 |
| 9 | 134.5 | 135.8 | 140.2 | 135.1 | 138.5 | 143.4 | 132 | 146.8 | 148.1 |
| 10 | 134.1 | 134.9 | 139.5 | 134.6 | 138 | 142.8 | 131.4 | 146.2 | 147.6 |
| 11 | 133.6 | 133.9 | 138.4 | 134.1 | 137.3 | 141.8 | 130.9 | 145.2 | 146.8 |
| 12 | 133.4 | 133.3 | 137.6 | 134 | 136.6 | 140.7 | 130.7 | 144.4 | 146 |
| 13 | 134.2 | 133.8 | 138 | 134.7 | 136.5 | 140.9 | 130.8 | 145.2 | 146.2 |
| 14 | 135.5 | 135 | 139.5 | 135.8 | 137.7 | 142.6 | 131 | 147.1 | 147.6 |
| 15 | 136.8 | 136.5 | 141 | 136.8 | 139.1 | 144.3 | 131.2 | 149 | 149.4 |
| 16 | 137.6 | 137.3 | 142 | 137.6 | 140.2 | 145.4 | 131.3 | 150.2 | 150.7 |
| 17 | 137.9 | 137.5 | 142.2 | 137.8 | 140.6 | 145.7 | 131.3 | 150.7 | 151.3 |

**续表**

| | 总声压级/dB | | | | | | | | |
|---|---|---|---|---|---|---|---|---|---|
| | 计算工况编号 | | | | | | | | |
| 18 | 135.2 | 150.7 | 154.5 | 138.3 | 153.6 | 155.3 | 135.3 | 158.1 | 161.8 |
| 19 | 135 | 147.8 | 148.8 | 138.2 | 148.4 | 151.9 | 134.5 | 155.5 | 157.4 |
| 20 | 133.7 | 143.6 | 145.4 | 136.6 | 144.2 | 146.4 | 136.3 | 153.1 | 153.4 |
| 21 | 132.8 | 140.7 | 142.1 | 134.6 | 142 | 146.3 | 135.1 | 150.2 | 150.3 |
| 22 | 131.6 | 137.6 | 139 | 133.3 | 140 | 142.8 | 133.1 | 148.4 | 148.4 |
| 23 | 130.8 | 135.9 | 139 | 132.4 | 138.6 | 141.5 | 131.7 | 146.8 | 147.2 |
| 24 | 130.2 | 135.2 | 137 | 131.8 | 137.7 | 140.8 | 130.6 | 145.9 | 146.2 |
| 25 | 130 | 134.6 | 135.5 | 131.4 | 136.7 | 140.2 | 129.7 | 145 | 145.5 |
| 26 | 130.1 | 133.9 | 135.8 | 131.1 | 135.5 | 139.8 | 129 | 144.4 | 145 |
| 27 | 130.4 | 133.2 | 136.4 | 131.2 | 135 | 139.6 | 128.6 | 143.8 | 144.7 |
| 28 | 130.4 | 132.4 | 136.5 | 131 | 134.8 | 139.7 | 128.1 | 143.5 | 144.5 |
| 29 | 130.3 | 131.3 | 135.9 | 130.8 | 134.5 | 139.4 | 127.8 | 142.8 | 144.3 |
| 30 | 130.4 | 130.7 | 135 | 131 | 133.8 | 138.3 | 127.8 | 141.9 | 143.6 |
| 31 | 131.5 | 131.5 | 135.5 | 132 | 133.9 | 138.5 | 128.1 | 142.8 | 143.7 |
| 32 | 133.2 | 132.9 | 137.4 | 133.5 | 135.5 | 140.6 | 128.4 | 145.1 | 145.5 |
| 33 | 134.5 | 134.3 | 138.8 | 134.5 | 137 | 142.2 | 128.6 | 146.9 | 147.3 |
| 34 | 134.9 | 134.5 | 139.2 | 134.9 | 137.7 | 142.8 | 128.7 | 147.6 | 148.2 |
| 35 | 123.8 | 133.9 | 139.6 | 127.3 | 135.9 | 139.6 | 127.5 | 140 | 144.4 |
| 36 | 123.7 | 136.2 | 141.5 | 125.7 | 137.9 | 140.1 | 125.9 | 140.4 | 145.3 |
| 37 | 124.2 | 138.2 | 142.5 | 126.6 | 140.3 | 141.8 | 125 | 142.6 | 146.4 |
| 38 | 123 | 137.9 | 139.2 | 127.4 | 139 | 142.1 | 127.2 | 143.3 | 146.9 |
| 39 | 124.9 | 134.8 | 134.7 | 126.4 | 135.6 | 140.1 | 127.9 | 143.6 | 145.6 |
| 40 | 124.2 | 132.2 | 134.2 | 126 | 133.8 | 136.4 | 126.7 | 142.2 | 142.8 |
| 41 | 123.9 | 129.8 | 131.1 | 125.5 | 132.4 | 134.4 | 125.7 | 141.3 | 141.3 |
| 42 | 123.7 | 128.9 | 131.9 | 125.4 | 131.7 | 134.3 | 124.9 | 140.3 | 140.8 |
| 43 | 123.8 | 128.6 | 130.8 | 125.5 | 131.5 | 134.3 | 124.4 | 139.9 | 140.1 |
| 44 | 124.4 | 128.8 | 129.9 | 125.7 | 130.9 | 134.7 | 124 | 139.6 | 140.1 |
| 45 | 125.2 | 128.7 | 131.1 | 126.3 | 130.6 | 134.8 | 124 | 139.3 | 140 |
| 46 | 125.7 | 128.1 | 132 | 126.4 | 130.4 | 135.2 | 123.7 | 139.4 | 140.2 |
| 47 | 126.1 | 127.2 | 131.7 | 126.5 | 130.2 | 135.1 | 123.7 | 138.7 | 140.3 |
| 48 | 126.9 | 127.3 | 131.3 | 127.5 | 129.9 | 134.5 | 124.1 | 138.4 | 139.9 |
| 49 | 128.8 | 128.7 | 133 | 129.2 | 131.1 | 136.1 | 124.5 | 140.4 | 140.9 |
| 50 | 130.5 | 130.3 | 134.8 | 130.6 | 133 | 138.3 | 124.8 | 142.8 | 143.2 |
| 51 | 131.1 | 130.7 | 135.4 | 131.1 | 133.9 | 139 | 124.9 | 143.7 | 144.4 |

**续表**

| 采样点编号 | 总声压级/dB | | | | | | | | |
|---|---|---|---|---|---|---|---|---|---|
| | 计算工况编号 | | | | | | | | |
| | 19 | 20 | 21 | 22 | 23 | 24 | 25 | 26 | 27 |
| 1 | 136.1 | 155.9 | 147.4 | 136.4 | 157.6 | 157.6 | 134.2 | 148.3 | 153.6 |
| 2 | 144.4 | 155.6 | 150.7 | 144.4 | 156.1 | 156.8 | 140.5 | 154.5 | 158 |
| 3 | 142.8 | 151.8 | 147.1 | 142.8 | 150.9 | 152.2 | 139 | 153.4 | 156 |
| 4 | 141.5 | 149.2 | 145.4 | 141.5 | 147.5 | 149.3 | 137.6 | 152.2 | 154.4 |
| 5 | 140.4 | 147.2 | 144.1 | 140.5 | 145.5 | 147.1 | 136.4 | 151 | 153.1 |
| 6 | 139.6 | 145 | 143.1 | 139.7 | 143.3 | 145.3 | 135.4 | 150 | 152.1 |
| 7 | 139 | 142.8 | 142 | 139 | 141.6 | 144.1 | 134.6 | 149 | 151.4 |
| 8 | 138.8 | 141.1 | 141.1 | 138.6 | 141 | 143.7 | 134.1 | 148.2 | 150.9 |
| 9 | 138.5 | 140.3 | 140.1 | 138.2 | 140.3 | 143.1 | 133.4 | 147.6 | 150.4 |
| 10 | 137.9 | 140 | 139 | 137.7 | 139.6 | 142.2 | 132.8 | 146.8 | 149.5 |
| 11 | 137.5 | 139.4 | 137.6 | 137.1 | 138.8 | 140.9 | 132.2 | 145.9 | 148.3 |
| 12 | 137.5 | 138.8 | 136.4 | 136.7 | 138.5 | 139.8 | 132 | 144.9 | 147.8 |
| 13 | 138.5 | 138.8 | 136.6 | 137.3 | 139.2 | 140.1 | 132.1 | 145.3 | 149 |
| 14 | 139.9 | 139.9 | 138.2 | 138.9 | 140.6 | 141.8 | 132.6 | 147.2 | 151 |
| 15 | 141.3 | 141.1 | 139.8 | 140.4 | 142 | 143.7 | 133.1 | 149.1 | 152.7 |
| 16 | 142.2 | 141.9 | 141 | 141.5 | 143 | 144.8 | 133.5 | 150.4 | 153.7 |
| 17 | 142.5 | 142.2 | 141.5 | 141.9 | 143.2 | 145.2 | 133.6 | 150.9 | 153.9 |
| 18 | 139.1 | 155 | 151.7 | 144.2 | 154.8 | 157.5 | 137.6 | 162.4 | 163.9 |
| 19 | 138.9 | 151.4 | 148.9 | 139.5 | 151.2 | 156 | 133.7 | 158.7 | 161.3 |
| 20 | 136.5 | 147.6 | 147.3 | 139 | 147.9 | 151.6 | 136.8 | 153.2 | 155.6 |
| 21 | 136.5 | 144.8 | 144.2 | 137.2 | 146.5 | 148.7 | 136.4 | 150.4 | 151.5 |
| 22 | 135.6 | 143.7 | 141.5 | 136.3 | 143.8 | 146.1 | 134.3 | 148.4 | 149.6 |
| 23 | 134.8 | 141.7 | 140.5 | 135.4 | 142.2 | 143.9 | 132.9 | 147.5 | 148.9 |
| 24 | 134.3 | 140.5 | 139.7 | 134.8 | 141.2 | 141.4 | 131.9 | 147 | 147.9 |
| 25 | 134 | 139.8 | 139.1 | 134.5 | 140 | 139.7 | 131 | 146.5 | 147.1 |
| 26 | 133.9 | 138.5 | 138 | 134.3 | 138.7 | 138.6 | 130.4 | 145.7 | 146.8 |
| 27 | 134.2 | 137.3 | 137.1 | 134.3 | 137.9 | 138.5 | 130.1 | 144.9 | 146.8 |
| 28 | 134.3 | 136.3 | 136.3 | 134.4 | 137 | 138.5 | 129.7 | 144.3 | 146.5 |
| 29 | 134.1 | 135.8 | 134.9 | 134.1 | 136.2 | 137.9 | 129.3 | 143.7 | 145.6 |
| 30 | 134.4 | 135.5 | 133.4 | 133.8 | 135.8 | 136.8 | 129.1 | 142.7 | 145 |
| 31 | 135.8 | 136 | 133.8 | 134.7 | 136.6 | 137.6 | 129.4 | 142.9 | 146.5 |
| 32 | 137.7 | 137.6 | 135.9 | 136.7 | 138.3 | 139.8 | 130.1 | 145.1 | 148.8 |
| 33 | 139 | 138.8 | 137.6 | 138.3 | 139.8 | 141.5 | 130.7 | 147.1 | 150.4 |

**续表**

| | 总声压级/dB | | | | | | | | |
|---|---|---|---|---|---|---|---|---|---|
| | 计算工况编号 | | | | | | | | |
| 34 | 139.5 | 139.1 | 138.3 | 138.9 | 140.3 | 142.1 | 130.9 | 147.8 | 150.8 |
| 35 | 123 | 138.9 | 138.1 | 129.8 | 139.3 | 141.9 | 127.9 | 141.8 | 144.3 |
| 36 | 124.9 | 142.1 | 138.1 | 129.3 | 140.4 | 144.1 | 126.3 | 147.2 | 146.1 |
| 37 | 126.9 | 142.4 | 139.4 | 129.1 | 142.6 | 146.1 | 125.2 | 147 | 149.2 |
| 38 | 127 | 140.5 | 139.7 | 129.2 | 141.8 | 146.2 | 126.4 | 147.9 | 150.7 |
| 39 | 127.9 | 138 | 137.7 | 128.9 | 138.5 | 143.3 | 129.4 | 145.6 | 148.7 |
| 40 | 128.1 | 135.7 | 135 | 129 | 137 | 139.9 | 128.1 | 142.9 | 144.6 |
| 41 | 127.8 | 135.5 | 133.7 | 128.6 | 135.8 | 137.3 | 126.9 | 141.4 | 142.5 |
| 42 | 127.7 | 134.3 | 133.9 | 128.4 | 134.8 | 136.3 | 126.2 | 140.7 | 142.3 |
| 43 | 127.9 | 133.2 | 133.5 | 128.6 | 134.3 | 134.9 | 125.7 | 140.8 | 141.9 |
| 44 | 128.3 | 133.4 | 133.1 | 128.8 | 134 | 133.9 | 125.4 | 140.9 | 141.8 |
| 45 | 129.1 | 133.1 | 132.7 | 129.4 | 133.7 | 133.5 | 125.4 | 140.7 | 141.8 |
| 46 | 129.5 | 131.8 | 131.9 | 129.9 | 132.8 | 133.8 | 125.3 | 140.1 | 142 |
| 47 | 129.9 | 131.4 | 130.3 | 129.8 | 132.2 | 133.3 | 125.2 | 139.8 | 141.3 |
| 48 | 130.9 | 131.6 | 129.3 | 130.2 | 132.4 | 133 | 125.4 | 139.1 | 141.7 |
| 49 | 133.1 | 133.2 | 131.2 | 132.2 | 133.9 | 135.2 | 126.1 | 140.5 | 144.2 |
| 50 | 134.9 | 134.8 | 133.4 | 134.2 | 135.8 | 137.4 | 126.9 | 142.9 | 146.3 |
| 51 | 135.6 | 135.3 | 134.5 | 135.1 | 136.5 | 138.3 | 127.1 | 143.9 | 146.9 |

**表 5 - 7 回归分析数据表**

| 数据子样编号 | 总声功率 $w_{oa}$ | 总压 $P$ | 总温 $T$ | 气体常数 $R$ | 流量 $\dot{m}$ | 喷流速度 $U_e$ |
|---|---|---|---|---|---|---|
| | $\lg w_{oa}$ | $\lg P$ | $\lg T$ | $\lg R$ | $\lg \dot{m}$ | $\lg U_e$ |
| 1 | 2.030 843 | 6.113 943 | 2.477 121 | 2.471 292 | −0.495 27 | 2.829 304 |
| 2 | 2.965 438 | 6.113 943 | 3.361 728 | 2.471 292 | −0.937 58 | 3.270 446 |
| 3 | 2.726 913 | 6.113 943 | 3.477 121 | 2.471 292 | −0.995 27 | 3.328 176 |
| 4 | 2.026 811 | 6.278 754 | 2.477 121 | 2.471 292 | −0.330 46 | 2.833 147 |
| 5 | 2.923 505 | 6.278 754 | 3.361 728 | 2.471 292 | −0.772 77 | 3.276 232 |
| 6 | 3.035 997 | 6.278 754 | 3.477 121 | 2.471 292 | −0.830 46 | 3.333 85 |
| 7 | 1.883 234 | 6.602 06 | 2.477 121 | 2.471 292 | −0.007 16 | 2.836 957 |
| 8 | 3.562 755 | 6.602 06 | 3.361 728 | 2.471 292 | −0.449 46 | 3.279 895 |
| 9 | 3.647 845 | 6.602 06 | 3.477 121 | 2.471 292 | −0.507 16 | 3.337 459 |
| 10 | 2.029 611 | 6.113 943 | 2.477 121 | 2.539 076 | −0.529 17 | 2.859 739 |
| 11 | 2.536 717 | 6.113 943 | 3.361 728 | 2.539 076 | −0.971 47 | 3.301 03 |
| 12 | 2.847 632 | 6.113 943 | 3.477 121 | 2.539 076 | −1.029 17 | 3.358 506 |

**续表**

| 数据子样编号 | 总声功率 $w_{oa}$ | 总压 $P$ | 总温 $T$ | 气体常数 $R$ | 流量 $\dot{m}$ | 喷流速度 $U_e$ |
|---|---|---|---|---|---|---|
| | $\lg w_{oa}$ | $\lg P$ | $\lg T$ | $\lg R$ | $\lg \dot{m}$ | $\lg U_e$ |
| 13 | 2.166 76 | 6.278 754 | 2.477 121 | 2.539 076 | −0.364 36 | 2.868 056 |
| 14 | 2.759 882 | 6.278 754 | 3.361 728 | 2.539 076 | −0.806 66 | 3.308 991 |
| 15 | 3.141 108 | 6.278 754 | 3.477 121 | 2.539 076 | −0.864 36 | 3.366 423 |
| 16 | 1.945 697 | 6.602 06 | 2.477 121 | 2.539 076 | −0.041 05 | 2.872 156 |
| 17 | 3.554 857 | 6.602 06 | 3.361 728 | 2.539 076 | −0.483 35 | 3.314 078 |
| 18 | 3.678 596 | 6.602 06 | 3.477 121 | 2.539 076 | −0.541 05 | 3.371 622 |
| 19 | 2.403 156 | 6.113 943 | 2.477 121 | 2.743 51 | −0.631 38 | 2.960 946 |
| 20 | 2.987 451 | 6.113 943 | 3.361 728 | 2.743 51 | −1.073 69 | 3.402 433 |
| 21 | 2.867 423 | 6.113 943 | 3.477 121 | 2.743 51 | −1.131 38 | 3.459 995 |
| 22 | 2.476 475 | 6.278 754 | 2.477 121 | 2.743 51 | −0.466 57 | 2.969 416 |
| 23 | 3.044 834 | 6.278 754 | 3.361 728 | 2.743 51 | −0.908 88 | 3.410 609 |
| 24 | 3.224 189 | 6.278 754 | 3.477 121 | 2.743 51 | −0.966 57 | 3.473 195 |
| 25 | 2.071 389 | 6.602 06 | 2.477 121 | 2.743 51 | −0.143 27 | 2.974 051 |
| 26 | 3.684 078 | 6.602 06 | 3.361 728 | 2.743 51 | −0.585 57 | 3.415 641 |
| 27 | 3.883 284 | 6.602 06 | 3.477 121 | 2.743 51 | −0.643 27 | 3.473 779 |

## 5.5　运载火箭起飞段喷流噪声数值模拟

运载火箭起飞阶段喷流噪声预示对发射台架设计、火箭舱内仪器设备布置以及喷水降噪等方面都有较大的工程指导意义。但由于运载火箭构型庞大，且随着起飞高度的增加，计算域也在不断增大，这无疑给运载火箭喷流的数值计算带来了巨大挑战。为拓宽运载火箭喷流噪声的研究思路，本文采用数值计算方法对运载火箭起飞阶段的喷流噪声特性及规律等进行探索，为后续的深入研究提供一些支撑。

### 5.5.1　起飞前喷流噪声数值模拟

某型运载火箭起飞阶段喷流噪声计算区域及网格划分如图 5-23 和图 5-24 所示，运载火箭处于发射平台上，即飞行高度为 0 m。由于该型运载火箭喷管及导流槽构型较为复杂，因此在喷管及其出口附近区域和导流槽内采用非结构化网格，其余区域进行结构化网格划分。由于运载火箭尺寸庞大，在网格划分过程中，需要在尽可能保证计算精度的情况下尽量减少计算量，在声源面内包括的流场区域进行加密处理，声源面以外的区域则采用稀疏网格。喷管入口采用压力入口边界条件，忽略流动中的化学反应，同时假定流动热力学平衡，声源面为内部面边界条件。

计算区域主要由发动机、发射台和导流槽组成。红色区域为计算域流场压力出口边界，绿色为声源面。该工况下，网格划分总数为 807 万，计算区域总体积为 $3.31 \times 10^4$ m³，网格划分最小尺度为 $1.02 \times 10^{-6}$ m³。时间步长选取 $\Delta t = 5 \times 10^{-5}$ s。

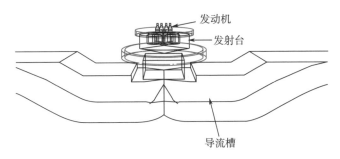

图 5 - 23　计算区域示意图

图 5 - 24　导流槽入口前网格划分示意图

图 5 - 25～图 5 - 27 为该工况数值仿真流场结果。从图中可以看出，其流场与真实火箭发动机的喷流场基本一致，即是由多个膨胀波和压缩波交替出现的波系组成，在导流槽内，由于导流槽壁面结构的影响，流体向两侧流动，在导流槽出口位置形成两个较小的旋流结构。计算结果与发动机试验参数基本吻合。

图 5 - 28 为导流槽出口截面速度分布云图。由于导流槽的结构较长，因此导流槽出口流动速度较低，统计计算可知，导流槽出口截面平均速度为 60 m/s，此时的喷流噪声计算中可以忽略导流槽出口流速带来的喷流噪声影响。

在火箭发动机喷流流场数值仿真结果的基础上，统计 9 个点的喷流噪声频谱数据，观测点的具体坐标位置见表 5 - 8，坐标原点为导流槽入口中心位置，其中 S1～S3 为发射台不同位置的测点，S4～S9 为发射塔附近不同高度的测点。

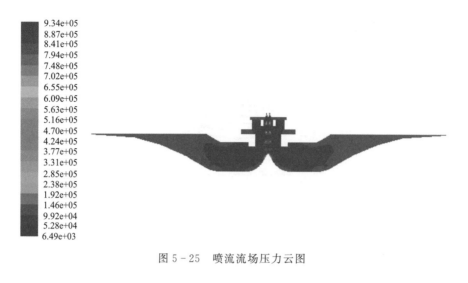

图 5 - 25　喷流流场压力云图

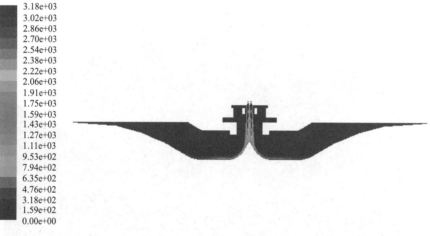

图 5 - 26　喷流流场速度云图

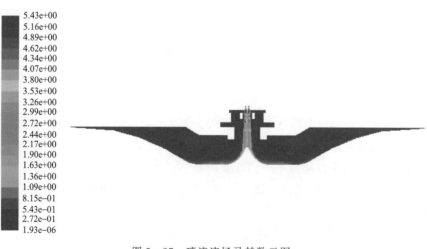

图 5 - 27　喷流流场马赫数云图

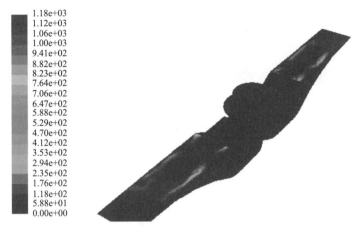

图 5 - 28　导流槽出口燃气流速云图

表 5 - 8　观测点坐标位置

| 标号 | $X$ /m | $Y$ /m | $Z$ /m |
|------|--------|--------|--------|
| S1 | 6.5 | 0 | 6.5 |
| S2 | 8.3 | 2.5 | 0.15 |
| S3 | 0.15 | 7.3 | 8.3 |
| S4 | −15 | 10 | 0 |
| S5 | −15 | 20 | 0 |
| S6 | −15 | 30 | 0 |
| S7 | −15 | 40 | 0 |
| S8 | −15 | 50 | 0 |
| S9 | −15 | 60 | 0 |

　　各观测点的总声压级如图 5 - 29 所示。观测点 S3 达到最大声压级 136 dB，S4～S9 由于逐渐远离喷流噪声声源，所以总声压级呈现衰减趋势。

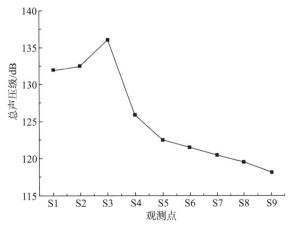

图 5 - 29　起飞前各观测点总声压级分布

### 5.5.2　起飞后喷流噪声数值模拟

此型运载火箭起飞后喷流噪声计算物理模型如图 5 - 30 所示，运载火箭飞行高度为 61 m。计算区域主要由发动机、喷流流场以及导流槽组成。声源面起始于喷管出口上游，半径为 4.5 m。

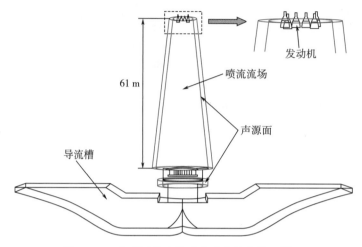

图 5 - 30　某型运载火箭喷流噪声计算物理模型

为了在尽可能保证计算精度的情况下尽量减少计算量，计算域选取上缩下扩的结构，网格划分在声源面内包括的流场区域较为致密，声源面以外的区域网格划分较为稀疏。整个火箭发动机喷流流场网格划分 764 万，喷流流场计算域总体积 $4.97 \times 10^4$ m³，网格划分最小体积为 $1.2 \times 10^{-6}$ m³。

该型运载火箭在 61m 高度工况下的数值仿真结果如图 5 - 31～图 5 - 35 所示。喷管出口燃气压力计算结果为 0.050 35 MPa，出口燃气温度为 1 569 K，出口燃气流速为 3 119 m/s，出口燃气马赫数为 4.07，与发动机喷管出口参数基本吻合。

各观测点的主频和总声压级分布如图 5 - 36 和图 5 - 37 所示。从图中可以看出，各观测点所获得的主频无明显差异，但所获得的主频远低于试验工况。根据喷流噪声的产生机理，超声速喷流噪声主要包含湍流混合噪声和宽频激波噪声。其中湍流混合噪声主要由喷流区下游的大尺寸涡所引起，属于低频噪声；宽频激波噪声主要是由喷管上游的小尺寸涡所引起，属于高频噪声。由于计算中所用网格尺度较大，对于流场中的涡，尤其是喷流上游的小尺寸涡难以精确捕捉，涡所引起的流场波动在计算过程中被平均化处理，致使无法计算求解高频噪声，从而导致各观测点计算主频均远低于试验值。测点 S1～S3 位于发射台及导流槽入口，声压级峰值变化不大；测点 S4～S9 随着发射塔高度的逐渐增加，声压级逐渐降低。

火箭起飞后达到 61 m 高度时 S1～S9 各测点的总声压级分布规律与起飞前相同，由于没有发射台架的遮蔽效应，火箭起飞至 61 m 高度时各测点总声压级比火箭起飞前有明显的上升。

图 5 - 31　喷流流场压力分布云图

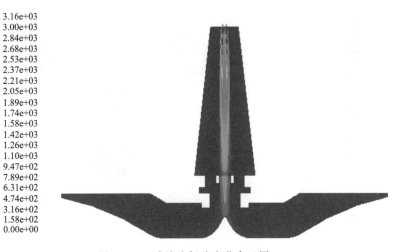

图 5 - 32　喷流流场速度分布云图

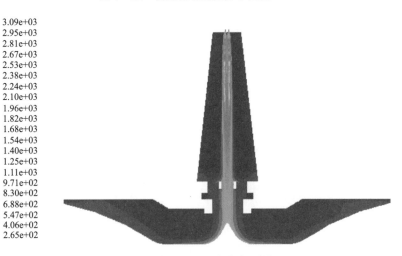

图 5 - 33　喷流流场温度分布云图

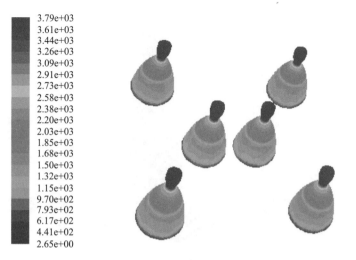

图 5 - 34    喷管温度分布云图

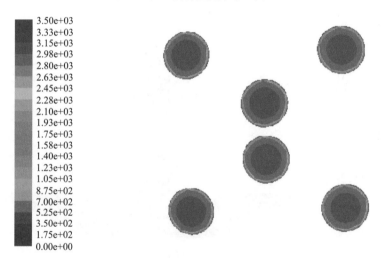

图 5 - 35    喷管出口速度分布云图

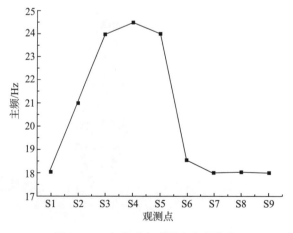

图 5 - 36    起飞后各观测点主频分布

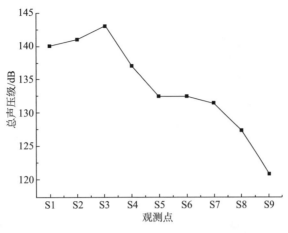

图 5 - 37　起飞后各观测点总声压级分布

### 5.5.3　网格对计算结果的影响

　　由全尺寸喷流流场的计算结果可知，由于喷流流场上游的涡尺寸较小，难以有效捕捉，导致无法对喷流流场中的宽频激波噪声精确计算，致使计算结果与试验值存在较大误差。通过减小网格尺度，可提升喷流上游小尺寸涡的捕获精度，从而提高计算精度。以起飞后 61m 高度工况为基准，将网格数从 764 万提升至 2 100 万，各区域网格尺度见表 5 - 9。

表 5 - 9　不同网格总数下各区域网格类型及间距

| 网格类型 | 网格间距 / mm | |
|---|---|---|
| | 764 万网格 | 2 100 万网格 |
| 发动机 | 80 | 48 |
| 喷管出口 | 100 | 60 |
| 声源面内 | 130 | 78 |
| 声源面外 | 600 | 360 |

　　图 5 - 38～图 5 - 42 为火箭箭体起飞至 61 m 高度时不同网格数下喷流流场的仿真结果。对比不同网格尺度下的仿真结果可以看出，在喷流流场前端区域内压力分布无明显差异，发动机喷管出口参数基本一致，喷管出口燃气压力计算结果为 0.048 36 MPa，出口燃气温度为 1 591 K，出口燃气流速为 3 159 m/s，出口燃气马赫数为 4.04，与发动机喷管出口参数基本吻合。

　　在喷流流场后端区域内，随着网格尺度的减小，流场出现明显的扰动现象。根据流体力学理论，喷流区域后端主要为大尺寸的涡，随着网格尺度的减小，RANS 算法所能求解的涡的尺度逐渐减小。因此相对 764 万网格计算工况，2 100 万网格计算工况能更好地捕捉喷流区域后端的涡。

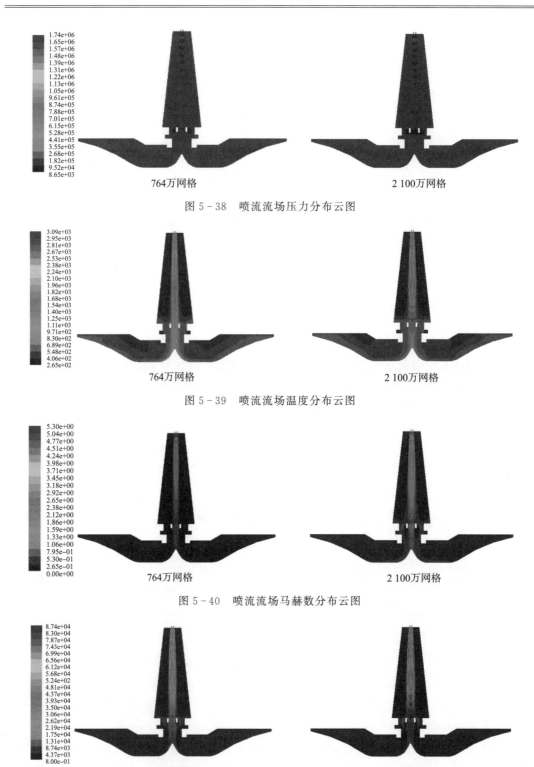

图 5-38　喷流流场压力分布云图

图 5-39　喷流流场温度分布云图

图 5-40　喷流流场马赫数分布云图

图 5-41　喷流流场湍动能分布云图

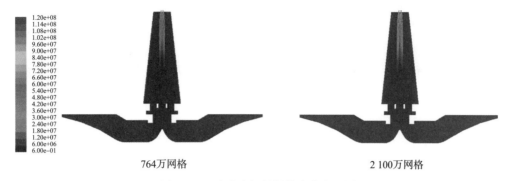

图 5 - 42　喷流流场涡耗散率分布云图

各观测点的主频分布如图 5 - 43 所示。从图中可以看出，随着网格尺度的减小，对于喷流区下游大尺寸涡能进行精确捕获，湍流混合噪声计算精度明显上升，但对于喷流区上游的小尺寸涡，该网格尺度仍难以进行精准识别，因此相较于小网格数工况（764 万网格），各观测点的主频均有所上升，但所获得的主频仍低于试验工况。

各观测点的总声压级分布如图 5 - 44 所示。由于减小网格尺度能提升对湍流混合噪声的求解精度，因此在 2 100 万网格工况所计算获得的各测点总声压级具有较高的精度，比 764 万网格工况下所获得的总声压级高 10～20 dB，其中位于喷流区后端的测点 S4～S6 提升幅度最为明显。

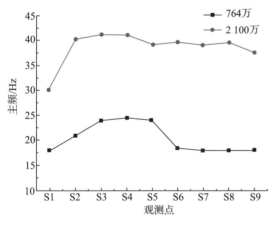

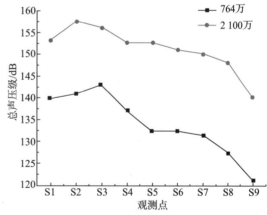

图 5 - 43　运载火箭发动机观测点主频分布　　　　图 5 - 44　运载火箭发动机观测点总声压级分布

# 第6章　超声速喷流气动噪声工程预示

## 6.1　引言

本章根据真实火箭发射状态和导流槽模型，结合第3～5章的试验数据、试验规律和数值仿真数据处理结果，建立火箭起飞噪声工程预示模型。将起飞噪声分成四个部分，即自由喷流噪声、挡板扰动噪声、地面反射噪声以及导流槽出口噪声，之后再进行叠加，获得火箭的起飞喷流总噪声。与传统工程预示方法进行对比，通过试验数据、试车数据和飞行遥测数据验证模型的精度和准确性，并预示两型运载火箭的起飞噪声。

## 6.2　起飞噪声工程预示模型

根据运载火箭起飞状态发射台和导流槽真实情况，如图6-1所示，建立火箭起飞噪声工程预示模型。充分考虑导流槽、地面反射等因素的影响，将起飞喷流噪声分成自由喷流噪声、挡板扰动噪声、地面反射噪声以及导流槽出口噪声四个部分，分别计算之后再进行叠加，获得火箭的起飞喷流总噪声。以下分别介绍各部分噪声模型及计算方法。

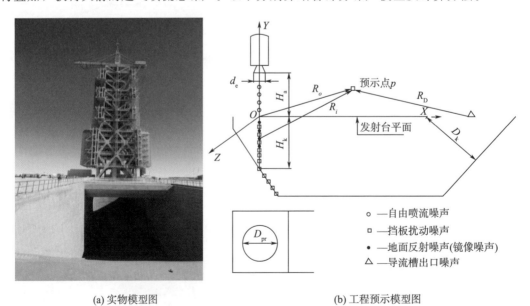

(a) 实物模型图　　　　　　　　(b) 工程预示模型图

图6-1　起飞状态及导流槽模型图

### 6.2.1　自由喷流噪声

自由喷流噪声是指喷管出口至发射台面间的自由喷流噪声，如图 6-2 所示。由于超声速冷喷流和超声速热喷流工质不同、喷流噪声辐射特性不同、多喷管喷流掺混和声源耦合作用对噪声特性的影响规律不同，须分别建立自由喷流噪声计算模型。

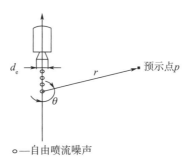

图 6-2　自由喷流噪声模型

#### 6.2.1.1　单喷管自由喷流

基本计算原理是，将喷流沿轴向分解成一个个独立噪声源，每个独立噪声源在整个分析频带上都具有能量，通过喷流核长（层流核心区长度）计算每个独立噪声源的声功率，考虑相对声功率谱和方向辐射特性，计算每个噪声源在各个频带内的声压，最后两次叠加得到总声压。结合第 3 章试验结果和第 5 章数值仿真结果建立计算模型，具体步骤如下。

（1）确定总声功率

总声功率 $w_{oa}$ 的计算公式如下

$$w_{oa} = \frac{n\dot{m}U_e^3}{900^2} \tag{6-1}$$

式中　$n$ ——喷管个数；

　　　$\dot{m}$ ——秒耗量；

　　　$U_e$ ——出口流速。

（2）计算总的声功率级

总的声功率级 $L_w$ 的计算公式如下

$$L_w = 10\lg w_{oa} + 120 \tag{6-2}$$

（3）喷流核长

这里采用 Varnie 核长计算公式

$$X_t = 1.75(1 + 0.38Ma_e)^2 d_e \tag{6-3}$$

式中　$X_t$ ——核长；

　　　$Ma_e$ ——发动机喷流出口马赫数。

将喷流分成许多小区间，每个小区间可看成一个独立宽频噪声源，如图 6-2 所示。噪声源 $s$ 声功率 $L_{w,s}$ 可以根据单位核长归一化相对声功率（即 $10\lg [X_t w(x)/w_{oa}]$ ）随喷流轴线相对位置的变化规律求得，如图 6-3 所示。

$$L_{w,s} = 10\lg\left[\frac{X_t w(x)}{w_{oa}}\right] + L_w + 10\lg\frac{\Delta x}{X_t}(\text{re}10^{-12}\text{ W}) \quad (6-4)$$

式中　$x$ ——沿喷射流体的轴线方向喷口到小区间中心处的距离；

　　　$w(x)$ —— $x$ 处单位轴长的声功率；

　　　$\Delta x$ ——区间长度。

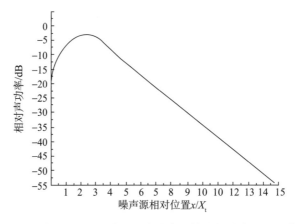

图 6-3　单位核长归一化相对声功率随轴线相对位置变化曲线

（4）计算每个区间噪声源在各频段上的声功率

根据喷流噪声归一化相对声功率谱 $10\lg\left[\frac{w(f,x)}{w(x)}\frac{U_e c_a}{x c_e}\right]$ 随修正 $St$ 数 $\left(\frac{fxc_e}{U_e c_a}\right)$ 的变

化规律，如图 6-4 所示，求得每个区间噪声源在各频段上的声功率 $L_{w,s,b}$

$$L_{w,s,b} = 10\lg\left[\frac{w(f,x)}{w(x)}\frac{U_e c_a}{x c_e}\right] + L_{w,s} - 10\lg\frac{U_e c_a}{x c_e} + 10\lg\Delta f_b \quad (6-5)$$

式中　$c_a$ ——环境声速；

　　　$c_e$ ——喷口处声速。

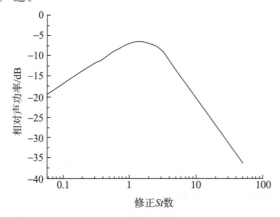

图 6-4　归一化相对声功率随修正 $St$ 数变化曲线

（5）计算预示点 $p$ 处各频段上的声压

根据扩散声场理论及方向特性，求得单个区间噪声源在预示点 $p$ 处各频段上的声压 $\mathrm{SPL}_{s,b,p}$

$$\mathrm{SPL}_{s,b,p} = L_{w,s,b} - 10\lg r^2 - 10\lg 4\pi + \mathrm{DI}(b,\theta) \ (\mathrm{re}\ 2 \times 10^{-5}\ \mathrm{Pa}) \qquad (6-6)$$

式中　$r$——噪声源到预示点 $p$ 的距离；

　　　$\theta$——噪声源与预示点 $p$ 夹角。

（6）计算方向传递系数

依据试验结果与数值仿真方法，计算方向传递系数。

1）依据第 3 章中的试验数据，计算超声速冷喷流方向传递系数

$$\mathrm{DI}(b,\theta) = \mathrm{SPL}_{b,\theta} - 10\lg\left(\frac{1}{N}\sum_{i=1}^{N} 10^{\mathrm{SPL}_{b,\theta_i}/10}\right) \qquad (6-7)$$

式中，$N$ 为一个半圆平面内测点个数，将第 3 章超声速冷喷流试验数据代入式（6-7），求得超声速冷喷流噪声方向传递系数，如图 6-5 所示。

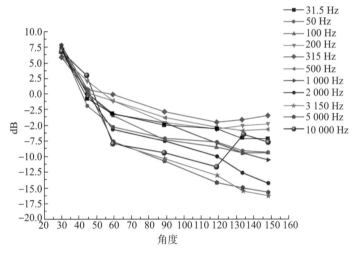

图 6-5　超声速冷喷流噪声方向传递系数

2）依据第 4 章中试验数据和数值仿真方法，确定超声速热喷流方向传递系数。

根据图 6-6 中的结论，典型化学火箭发动机的辐射强度和方向传递系数在 $40°\sim60°$ 之间最大。现通过试验数据结合数值仿真来验证噪声的辐射特性，并确定超声速热喷流的方向传递系数。

选取第 4 章中的试验 3 状态，在试验数据的基础上增加采样点，通过数值仿真计算采样点总声压级，从而验证其辐射特性，增加的采样点如图 6-7 所示，与喷流轴向夹角为 $20°\sim180°$，总声压级的变化趋势如图 6-8 所示。从图中可以看出，噪声总声压级随着喷流轴向夹角的增大先上升后下降，在 $50°$ 达到最大值 153.74 dB，与图 6-6 中的变化趋势基本吻合。故可采用典型化学火箭发动机的方向传递系数进行超声速热喷流噪声的工程预示，如图 6-9 所示。

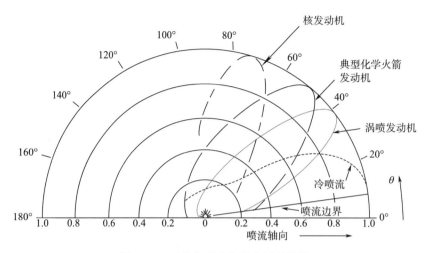

图 6 - 6　四种典型喷流噪声辐射特性

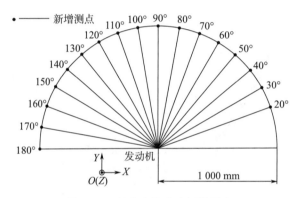

图 6 - 7　超声速热喷流新增测点

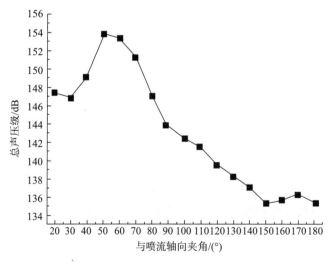

图 6 - 8　总声压级数值仿真结果

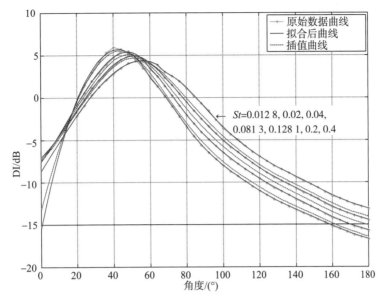

图 6-9　超声速热喷流方向传递系数

（7）计算 $p$ 点的 $b$ 频带内声压

计算所有区间噪声源引起 $p$ 点的 $b$ 频带内声压

$$\mathrm{SPL}_{b,p} = 10\lg \sum_{s} \left[ \mathrm{antilg}\, \frac{\mathrm{SPL}_{s,b,p}}{10} \right] \tag{6-8}$$

（8）计算 $p$ 点总声压

将各频段声压叠加得到 $p$ 点总声压

$$\mathrm{SPL}_{\mathrm{oa},p} = 10\lg \sum_{\mathrm{All}\,b} \left[ \mathrm{antilg}\, \frac{\mathrm{SPL}_{b,p}}{10} \right] \tag{6-9}$$

### 6.2.1.2　多喷管自由喷流

基本计算原理和步骤与单喷管自由喷流相同，见式（6-1）～式（6-9），由于第 3 章超声速冷喷流噪声试验中，3.3 节、3.4 节得出的多喷管自由喷流定量规律在热喷流状态是否成立尚未可知，因此针对冷、热两种多喷管自由喷流状态须分别建立计算模型。

（1）超声速冷喷流多喷管计算模型

1）根据式（6-1）～式（6-9），计算得到多喷管自由喷流总声压级 $\mathrm{SPL}_{\mathrm{oa},p}$。

2）依据第 3 章试验结果，针对超声速冷喷流多喷管状态，加入喷管个数、喷管间距修正项，具体形式如下

$$\mathrm{SPL}_n = \begin{cases} \mathrm{SPL}_1 + 10\lg n + \Delta_{\text{个数修正}} + \Delta_{\text{间距修正}}, & s \leqslant 3.5 \\ \mathrm{SPL}_1 + 10\lg n, & s > 3.5 \end{cases}$$

$$\Delta_{\text{个数修正}} = -\frac{6}{10\,000} n^6 + \frac{3}{500} n^5 - 0.13 n^4 + 1.4 n^3 - 7.9 n^2 + 21.7 n - 15$$

$$\Delta_{\text{间距修正}} = -0.7 s^5 + 7.3 s^4 - 28.3 s^3 + 52.9 s^2 - 48.3 s + 17.8$$

$$\tag{6-10}$$

式中　$n$ ——喷管个数；

　　　$s$ ——归一化喷管间距，$s = l/d_e$；

　　　$\mathrm{SPL}_1$ ——单喷管自由喷流总声压级。

3）用 $\mathrm{SPL}_n$ 和 $\mathrm{SPL}_{oa,p}$ 做差值

$$\Delta_s = \mathrm{SPL}_n - \mathrm{SPL}_{oa,p} \tag{6-11}$$

4）用差值 $\Delta_s$ 修正声压谱 $\mathrm{SPL}_{b,p}$，叠加得到总声压级

$$\mathrm{SPL}_{b,f} = \mathrm{SPL}_{b,p} + \Delta_s$$

$$\mathrm{SPL}_{\text{自}} = 10\lg \sum_{\text{All } b} \left[ \mathrm{antilg}\, \frac{\mathrm{SPL}_{b,f}}{10} \right] \tag{6-12}$$

（2）超声速热喷流多喷管计算模型

1）将喷流噪声分成两个部分，混合前部分和混合后部分。

2）对于混合前部分，可看成多个单台发动机噪声的独立叠加，单台发动机噪声通过式（6-1）～式（6-9）得到，叠加时需要考虑喷流间遮蔽效应的影响，考虑遮蔽效应时，发动机实际作用个数 $n_1$

$$n_1 = \frac{R_2}{R_1} + 0.18n_p - 1 \tag{6-13}$$

式中　$R_1$ ——单台发动机喷口半径；

　　　$R_2$ ——多台发动机外切圆半径；

　　　$n_p$ ——外围发动机个数。

3）混合后部分，处理为一台发动机的等效喷流。

a）其喷口喷流的具体参数，可通过下面方程组求得，等效截面方程

$$A_1 = \frac{n\pi (R_2 - R_1)^2}{(n^{0.5} - 1)^2} \tag{6-14}$$

热平衡方程

$$\rho_1 U_1 A_1 \left( C_1 T_1 + \frac{U_1^2}{2} - C_a T_a \right) = n\rho_e U_e A_e \times \left( C_e T_e + \frac{U_e^2}{2} - C_a T_a \right) \tag{6-15}$$

动量方程

$$\rho_1 U_1^2 A_1 - n\rho_e U_e^2 A_e = nA(p_e - p_a) \tag{6-16}$$

比热计算

$$C_1 = C_a + (C_e - C_a)n\rho_e U_e A_e / (\rho_1 U_1 A_1) \tag{6-17}$$

分子量计算

$$\mu_1 = \frac{\rho_1 U_1 A_1 \mu_a \mu_e}{n\rho_e U_e A_e \mu_e + (\rho_1 U_1 A_1 - n\rho_e U_e A_e)\mu_e} \tag{6-18}$$

气体状态方程

$$p_1 = \frac{\rho_1 R T_1}{\mu_1}，\text{且假设 } p_1 = p_a \tag{6-19}$$

式中，$A$，$\rho$，$p$，$U$，$C$，$T$，$\mu$ 分别代表截面积、密度、压强、速度、比热、温度、分子

量，下标 1，a，e 分别代表等效发动机喷口参数、环境参数、单台发动机喷口参数，$R$ 为气体常数。

b）确定混合前部分的喷流长度 $l$，及混合后部分等效发动机的喷口位置 $x_1$（沿喷流轴线方向实际喷口到等效喷口的距离）

$$l = \left( \frac{2(R_2/R_1 - 1)}{n^{0.5} - 1} - 1 \right) X_t \tag{6-20}$$

$$x_1 = l - X_{t1}$$

式中　$X_t$——实际单台发动机喷流核长；

　　　$X_{t1}$——等效发动机喷流核长。

4）将两部分噪声进行叠加得到总声压，混合前部分喷流长度取 $l$，混合后部分发动机喷口位置为 $x_1$，喷流区域取余下的部分。

## 6.2.2　挡板扰动噪声

挡板扰动噪声是指发射台面以下至导流槽底部的喷流噪声，如图 6 - 10 所示，其中 $\delta$ 为挡板角度。

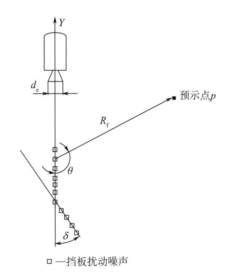

□—挡板扰动噪声

图 6 - 10　导流槽扰动噪声模型

挡板扰动噪声的基本计算原理和步骤与自由喷流噪声一致，详见式（6 - 1）～式（6 - 20），需建立导流槽扰动后等效喷流参数计算模型。具体计算步骤如下。

1）根据导流状态，将喷流分成几个部分。如图 6 - 10 所示，一部分为未经扰动自由喷流，一部分为经扰动后喷流，每个部分喷流起始端参数作为对应等效发动机的喷口参数。

2）求各部分起始端的喷流参数，例如求取图 6 - 10 中第二部分起始端参数，首先必须求第一部分末端参数，其求法参见式（6 - 14）～式（6 - 19），其中须将方程式（6 - 14）替换为质量流方程

$$\rho_1 U_1 A_1 - n\rho_e U_e A_e = \frac{(H_k + H_a) n\rho_e U_e A_e}{2X_t} \qquad (6-21)$$

获得第一部分末端参数后，根据碰撞理论，通过下面的方程组得到第二部分起始端参数

$$U_{20} = U_1 \cos\delta \qquad (6-22)$$

$$\rho_{20} = \frac{\rho_1}{1 + \dfrac{\rho_1 U_1^2}{2p_1} \times \dfrac{\gamma_1 - 1}{\gamma_1}(1 - \cos^2\delta)} \qquad (6-23)$$

其中，$\gamma_1$ 为比热比，可通过比热 $C_1$ 求得。

$$A_{20} = \frac{\rho_1 U_1 A_1}{\rho_{20} U_{20}} \qquad (6-24)$$

其余参数 $C_{20}$，$T_{20}$，$p$，$\mu_{20}$ 与第一部分末端相同。

3）代入式（6-1）～式（6-20），分别求得两部分噪声，最后叠加得到声压谱 $SPL_{b,p1}$ 和总声压级 $SPL_{oa,p1}$。

4）依据第 3 章试验结果，引入导流槽修正项。

不同于 Eldred 算法的挡板喷流偏转模型，喷流在导流槽处发生 90°转折。本模型使喷流发生偏转时满足入射角等于出射角（α），如图 6-11 所示，再采用式（6-1）～式（6-20）预示总声压级 $SPL_E$。

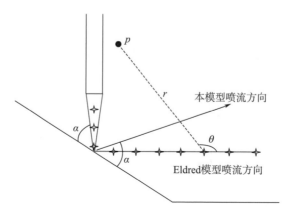

图 6-11　挡板喷流偏转模型

5）用 $SPL_E$ 和 $SPL_{oa,p1}$ 做差值

$$\Delta_p = SPL_E - SPL_{oa,p1} \qquad (6-25)$$

6）用总声压差值 $\Delta_p$ 修正声压谱 $SPL_{b,p1}$，叠加得到总声压级

$$SPL_{b,h} = SPL_{b,p1} + \Delta_p$$

$$SPL_{挡} = 10\lg \sum_{All\ b}\left[ antilg\ \frac{SPL_{b,h}}{10} \right] \qquad (6-26)$$

### 6.2.3　地面反射噪声

由于地面的反射效应，发射台面以上部分的自由喷流会有反射噪声存在，结合我国运载火箭起飞状态和导流槽模型，如图 6-12 所示，喷流沿导流槽进口斜面向下游传播，且位于地面以下，存在结构遮挡，将地面假设为一个"镜面"，将发射台以上的自由喷流噪声源镜像，从而得到独立的镜像噪声源，再通过式（6-1）～式（6-20）求得镜像噪声源在预示点 $p$ 处的声压谱 $\text{SPL}_{b,r}$，叠加得到地面反射噪声 $\text{SPL}_{反}$

$$\text{SPL}_{反} = 10\lg \sum_{\text{All } b} \left[ \text{antilg} \frac{\text{SPL}_{b,r}}{10} \right] \tag{6-27}$$

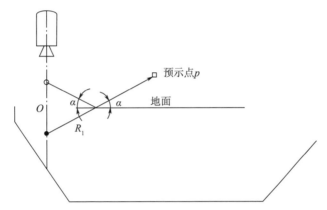

o —喷管出口至发射台面自由喷流噪声源

● —镜像噪声源

图 6-12　地面反射噪声模型

### 6.2.4　导流槽出口噪声

1）计算总的声功率

$$w_{oa} = \frac{\dot{m}U_k^3}{900^2} \tag{6-28}$$

式中，$U_k$ 为导流槽出口喷流速度，可通过式（6-15）～式（6-24）计算得出。

导流槽出口等效直径为 $d_k$

$$d_k = \frac{4S_k}{\Pi} \tag{6-29}$$

式中　$S_k$ ——导流槽出口面积；

$\Pi$ ——导流槽出口周长。

2）通过式（6-1）～式（6-20）计算得出导流槽出口噪声声压谱 $\text{SPL}_{b,k}$，叠加得到导流槽出口噪声 $\text{SPL}_{出}$

$$\text{SPL}_{出} = 10\lg \sum_{\text{All } b} \left[ \text{antilg} \frac{\text{SPL}_{b,k}}{10} \right] \tag{6-30}$$

#### 6.2.5　起飞总噪声

将自由喷流噪声、挡板扰动噪声、地面反射噪声以及导流槽出口噪声叠加得到起飞总噪声 $\mathrm{SPL}_{总}$，如图 6-13 所示。

$$\mathrm{SPL}_{总} = 10\lg(10^{0.1\mathrm{SPL}_{自}} + 10^{0.1\mathrm{SPL}_{挡}} + 10^{0.1\mathrm{SPL}_{反}} + 10^{0.1\mathrm{SPL}_{出}}) \tag{6-31}$$

其中

$$\begin{cases} \mathrm{SPL}_{自} = 10\lg\sum_{\text{All } b}\left[\mathrm{antilg}\,\dfrac{\mathrm{SPL}_{b,f}}{10}\right] \\[2mm] \mathrm{SPL}_{挡} = 10\lg\sum_{\text{All } b}\left[\mathrm{antilg}\,\dfrac{\mathrm{SPL}_{b,h}}{10}\right] \\[2mm] \mathrm{SPL}_{反} = 10\lg\sum_{\text{All } b}\left[\mathrm{antilg}\,\dfrac{\mathrm{SPL}_{b,r}}{10}\right] \\[2mm] \mathrm{SPL}_{出} = 10\lg\sum_{\text{All } b}\left[\mathrm{antilg}\,\dfrac{\mathrm{SPL}_{b,k}}{10}\right] \end{cases}$$

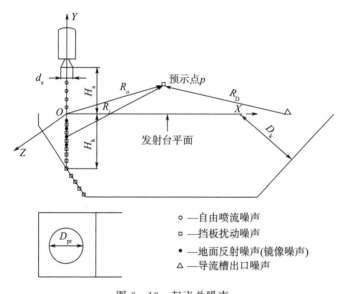

○ —自由喷流噪声
□ —挡板扰动噪声
● —地面反射噪声(镜像噪声)
△ —导流槽出口噪声

图 6-13　起飞总噪声

### 6.3　模型校验

通过工程预示模型计算超声速冷喷流噪声、超声速热喷流噪声以及真实火箭发动机试车噪声，与试验结果进行对比，考量模型的计算精度和准确性。

#### 6.3.1　超声速冷喷流噪声计算

计算第 3 章中的试验状态，计算工况见表 6-1。单台发动机工作参数见表 6-2，测点位置如图 3-3 所示。其中，试验 1、5、6、7、8、9 为自由喷流状态；试验 13~19 为挡板遮挡喷流状态。

表 6-1　计算工况表

| 试验编号 | 喷管喉径/mm | 喷管个数 | 喷管间距/mm | 出口马赫数/Ma | 挡板距离/mm | 挡板角度/(°) | 总压/MPa | 总温/K |
|---|---|---|---|---|---|---|---|---|
| 1 | 5 | 1 | — | 3 | — | — | 1.3 | 300 |
| 5 | 5 | 2 | 25 | 3 | — | — | 1.3 | 300 |
| 6 | 5 | 3 | 25 | 3 | — | — | 1.3 | 300 |
| 7 | 5 | 4 | 25 | 3 | — | — | 1.3 | 300 |
| 8 | 5 | 2 | 30 | 3 | — | — | 1.3 | 300 |
| 9 | 5 | 2 | 35 | 3 | — | — | 1.3 | 300 |
| 13 | 5 | 1 | — | 3 | 100 | 30 | 1.3 | 300 |
| 14 | 5 | 1 | — | 3 | 150 | 30 | 1.3 | 300 |
| 15 | 5 | 1 | — | 3 | 200 | 30 | 1.3 | 300 |
| 16 | 5 | 1 | — | 3 | 250 | 30 | 1.3 | 300 |
| 17 | 5 | 1 | — | 3 | 100 | 45 | 1.3 | 300 |
| 18 | 5 | 1 | — | 3 | 100 | 60 | 1.3 | 300 |
| 19 | 5 | 1 | — | 3 | 100 | 75 | 1.3 | 300 |

表 6-2　单台发动机工作参数

| 参数名称 | 数值大小 |
|---|---|
| 出口速度/(m/s) | 620 |
| 喷口直径/mm | 10.3 |
| 喉部声速/(m/s) | 300 |
| 燃气压力/MPa | 0.037 |
| 燃气比热比 | 1.4 |
| 燃气密度/(kg/m³) | 1.29 |
| 流量/(g/s) | 58 |
| 总温/K | 300 |
| 燃气分子量 | 29.0 |

### 6.3.1.1　单喷管自由喷流噪声计算

以试验 1 单喷管自由喷流为基本状态,用工程预示模型进行噪声计算,与传统算法比较,考量模型的计算精度。

工程预示模型各测点声压谱计算结果如图 6-14 所示。从图中可以看出,工程预示模型基本能准确预示噪声声压谱的变化趋势和峰值频率,在低频段和高频段计算值偏低,在中频段计算值偏高,声压谱最大计算误差发生在 100~315 Hz 之间,最大声压谱计算误差 12.3 dB,最大声压峰值计算误差 6.9 dB。分析计算误差产生的原因,由于硬件条件的限制,试验 1 状态测点太少,与喷流轴向夹角每 15° 布置一个测点,而方向传递系数的计算要求数据量大、测点多,依照美国 NASA 的试验标准,应平均每 2° 布置一个测点,这样造成计算的方向传递系数有一定的误差,导致声压谱计算结果误差较大。

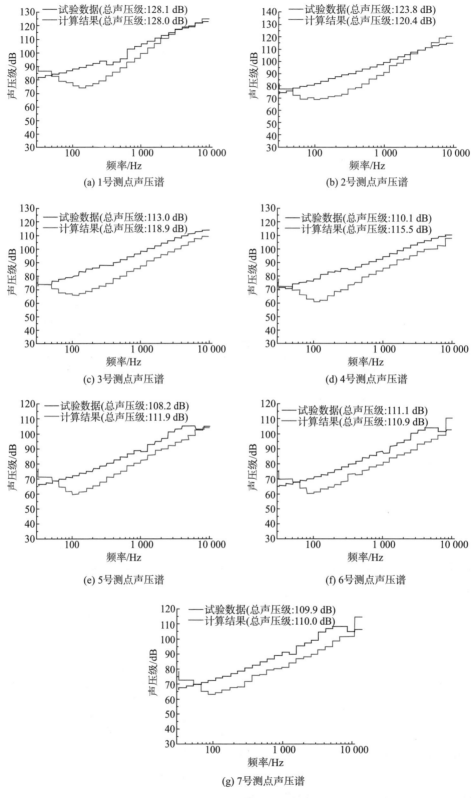

图 6-14   各测点噪声声压谱

各测点噪声总声压级如图 6-15 所示。从图中可以看出，工程预示模型能准确预示出噪声的辐射特性，3、4 号测点的总声压级计算误差较大，为 5 dB 左右，其余测点的总声压级计算误差在 3.7 dB 以内，基本满足计算精度要求。分析 3、4 号测点总声压级计算误差大的原因，仍是由于方向传递系数的计算误差带入到了噪声计算中，3、4 号测点与喷流轴向夹角分别为 60°、90°，在喷流轴向夹角 60°～90°之间没有布置测点，造成方向传递系数的计算误差进一步放大，从而导致 3、4 号测点总声压级计算误差偏大。

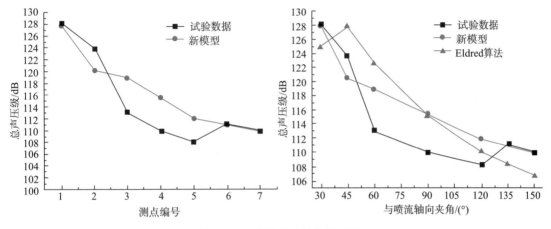

图 6-15　各测点噪声总声压级

与传统 Eldred 算法相比，本书工程预示模型总声压级预示精度提高，能够准确预示总声压级随喷流轴向夹角的变化趋势，反映出噪声的辐射特性规律。

由此得出结论，本书提出的工程预示模型能准确预示超声速冷喷流噪声的声压谱变化趋势和峰值频率，总声压级计算误差基本满足计算精度要求，且能够准确反映出噪声的辐射特性规律。

### 6.3.1.2　多喷管自由喷流噪声计算

用工程预示模型计算表 6-1 中试验 5～9，并与传统算法进行比较，考量模型的计算精度和准确性。

各测点噪声总声压级如图 6-16 所示。从图中可以看出，工程预示模型总声压级预示精度上升，总声压级计算误差在 5 dB 以内，能够准确预示总声压级随喷流轴向夹角变化趋势，反映出噪声的辐射特性规律。

### 6.3.1.3　挡板遮挡喷流噪声计算

用工程预示模型计算表 6-1 中试验 13～19，并与传统算法进行比较，考量模型的计算精度和准确性，验证挡板对噪声特性的影响规律。

验证挡板距离对噪声特性的影响，关注喷流上游测点（5～7 号测点）的噪声变化趋势，如图 6-17 所示。可以看出，与 Eldred 算法、Potter 算法对比，工程预示模型总声压级预示精度提高，并能准确预示出总声压级随挡板距离的变化规律，随着挡板距离的增加，总声压级逐渐降低，总声压级最大计算误差 4.2 dB。

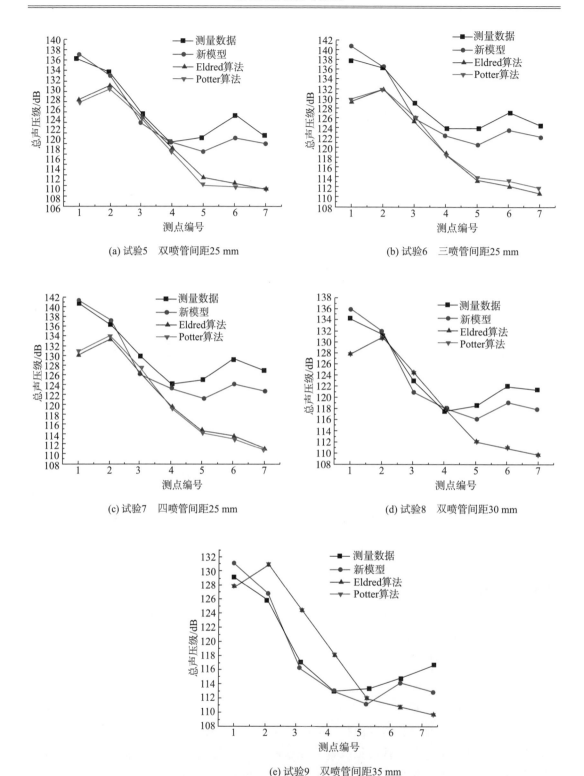

(a) 试验5　双喷管间距25 mm

(b) 试验6　三喷管间距25 mm

(c) 试验7　四喷管间距25 mm

(d) 试验8　双喷管间距30 mm

(e) 试验9　双喷管间距35 mm

图 6-16　各测点噪声总声压级

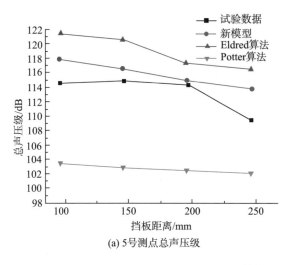

(a) 5号测点总声压级

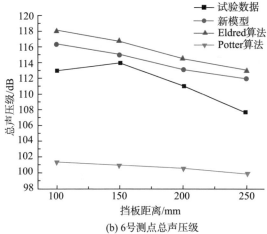

(b) 6号测点总声压级

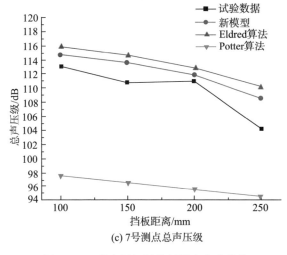

(c) 7号测点总声压级

图 6 - 17　总声压级随挡板距离变化趋势

验证挡板偏角对噪声特性的影响，关注喷流上游测点（5～7号测点）的噪声变化趋势，如图 6-18 所示。可以看出，与 Eldred 算法、Potter 算法对比，工程预示模型总声压级预示精度提高，并能准确预示出总声压级随挡板偏角的变化规律，随着挡板偏角的增加，总声压级逐渐降低，总声压级最大计算误差 4.3 dB。

总的看来，工程预示模型可以准确地预示出总声压级随挡板距离和偏角的变化趋势，与试验结果基本符合，计算误差在 4.2 dB 以内。

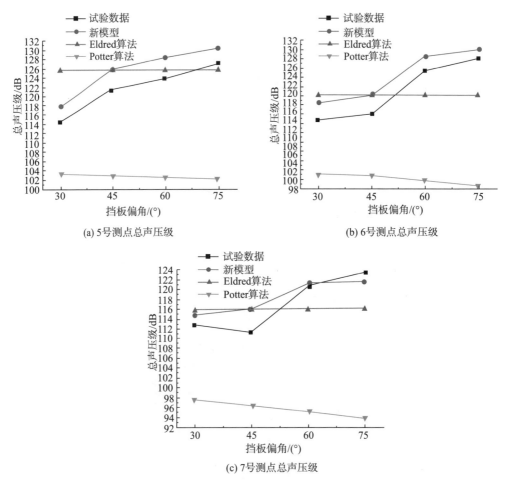

图 6-18　总声压级随挡板偏角变化趋势

## 6.3.2　超声速热喷流噪声计算

计算第 4 章中试验状态，计算工况见表 6-3，发动机工作参数见表 6-4，测点位置如图 4-4 所示。其中试验 3 为自由喷流状态，试验 4～6 为导流槽遮挡喷流状态。

表 6-3　计算工况表

| 试验编号 | 喷管喉径/mm | 喷管出口直径/mm | 出口马赫数/Ma | 挡板距离L/mm | 挡板角度b/(°) | 导流槽距离M/mm | 总温/K | 总压/MPa |
|---|---|---|---|---|---|---|---|---|
| 3 | 12 | 28 | 3 | — | — | — | 2 300 | 1.9 |
| 4 | 12 | 28 | 3 | — | — | 150 | 2 300 | 1.9 |
| 5 | 12 | 28 | 3 | — | — | 250 | 2 300 | 1.9 |
| 6 | 12 | 28 | 3 | — | — | 350 | 2 300 | 1.9 |
| 7 | 12 | 28 | 3 | 200 | 30 | — | 2 300 | 1.9 |
| 8 | 12 | 28 | 3 | 300 | 30 | — | 2 300 | 1.9 |
| 9 | 12 | 28 | 3 | 400 | 30 | — | 2 300 | 1.9 |
| 10 | 12 | 28 | 3 | 500 | 30 | — | 2 300 | 1.9 |
| 11 | 12 | 28 | 3 | 550 | 30 | — | 2 300 | 1.9 |
| 12 | 12 | 28 | 3 | 600 | 30 | — | 2 300 | 1.9 |
| 13 | 12 | 28 | 3 | 700 | 30 | — | 2 300 | 1.9 |
| 14 | 12 | 28 | 3 | 200 | 45 | — | 2 300 | 1.9 |
| 15 | 12 | 28 | 3 | 200 | 60 | — | 2 300 | 1.9 |
| 16 | 12 | 28 | 3 | 200 | 75 | — | 2 300 | 1.9 |

表 6-4　发动机工作参数

| 参数名称 | 数值大小 |
|---|---|
| 出口速度/(m/s) | 2 560 |
| 喷口直径/mm | 28 |
| 喉部声速/(m/s) | 1 010 |
| 燃气压力/MPa | 0.057 |
| 燃气比热比 | 1.2 |
| 燃气密度/(kg/m³) | 0.114 |
| 流量/(g/s) | 164 |
| 燃气温度/K | 1347 |
| 燃气分子量 | 18.4 |

再计算挡板遮挡状态的喷流噪声，验证挡板距离和挡板偏角对噪声特性的影响在超声速热喷流状态下是否成立。计算工况见表 6-3，发动机工作参数见表 6-4，挡板遮挡状态测点位置如图 6-19 所示。

### 6.3.2.1　自由喷流噪声计算

以试验 3 单喷管自由喷流为基本状态，与试验结果进行对比，考量工程预示模型的计算精度。各测点计算结果如图 6-20 所示。可以看出，工程预示模型能准确预测出声压谱的变化趋势和峰值频率，声压峰值最大计算误差 2.9 dB，声压谱最大计算误差 5.5 dB，总声压级最大计算误差 1.39 dB。

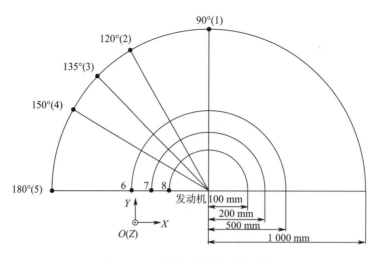

图 6-19　挡板遮挡状态测点位置

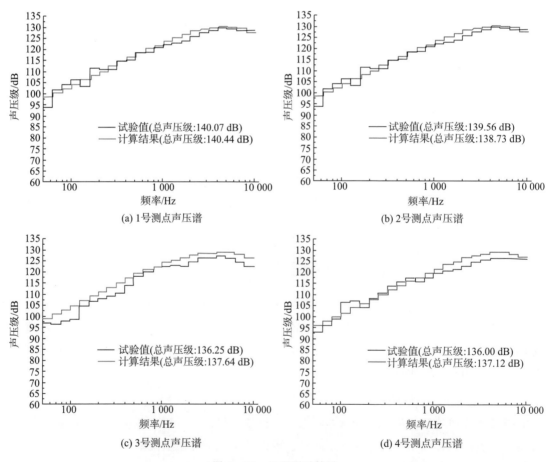

图 6-20　工程预示结果

### 6.3.2.2　导流槽遮挡喷流噪声计算

用工程预示模型计算表 6-3 中的试验 4～6，考量工程预示模型的计算精度和准确性。

各测点计算结果如图 6-21 所示。从图中可以看出，工程预示模型能准确预示出声压谱的变化趋势和峰值频率，声压谱最大计算误差 11.6 dB，声压峰值最大计算误差 5.8 dB，总声压级最大计算误差 3.4 dB。

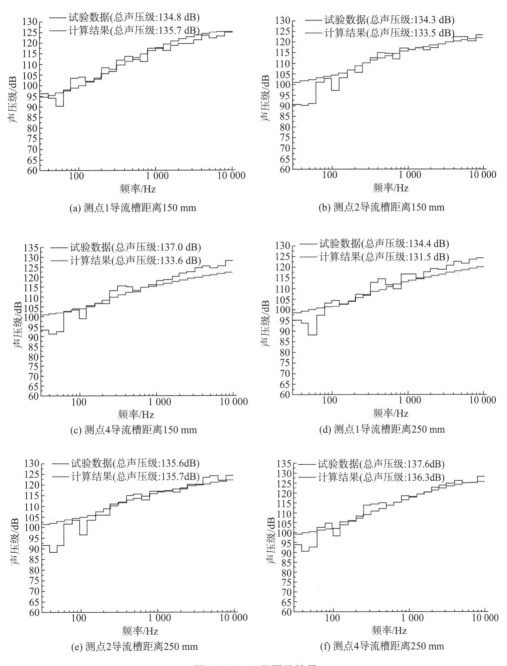

图 6-21　工程预示结果

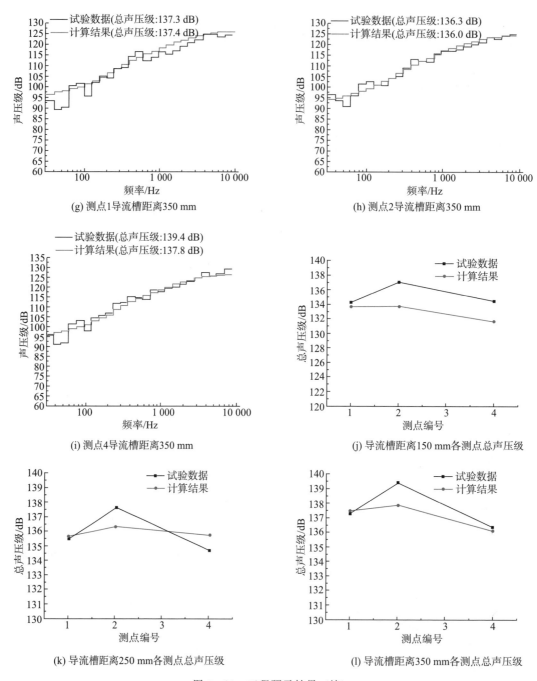

(g) 测点1导流槽距离350 mm

(h) 测点2导流槽距离350 mm

(i) 测点4导流槽距离350 mm

(j) 导流槽距离150 mm各测点总声压级

(k) 导流槽距离250 mm各测点总声压级

(l) 导流槽距离350 mm各测点总声压级

图 6-21　工程预示结果（续）

### 6.3.2.3　挡板遮挡喷流噪声计算

通过工程预示模型验证挡板对噪声特性影响规律在热喷流状态下是否成立。表 6-3 中的试验 7～试验 16 为挡板遮挡喷流状态。其中试验 7～试验 13 研究挡板距离对噪声特性的影响，试验 7、14、15、16 为挡板偏角对噪声特性的影响。

各测点总声压级计算结果见表 6-5，各测点总声压级随挡板距离的变化趋势如图 6-22 所示。从图中可以看出，对于工程预示模型计算结果，挡板距离从 200 mm 增加到 700 mm，1～3 号测点的总声压级逐渐下降，所有测点在挡板距离 500 mm 到 550 mm（20$d_e$）范围内总声压级明显下降，之后变化趋势趋于平缓。需要特别说明的是，此时发动机出口直径 $d_e$ 为 28 mm，总声压级明显下降的点出现在挡板距离 550 mm（20$d_e$）处，这与 3.5.1 节得出的结论相符合，验证了挡板距离对噪声特性的影响规律。

**表 6-5　各测点总声压级**

| 测点编号 | 总声压级/dB | | | | | | | | | | | |
|---|---|---|---|---|---|---|---|---|---|---|---|---|
| | 挡板距离 $L$ /mm | | | | | | | 挡板偏角 $b$ /(°) | | | |
| | — | 200 | 300 | 400 | 500 | 550 | 600 | 700 | 30 | 45 | 60 | 75 |
| 1 | 141.3 | 152.6 | 152.9 | 152.1 | 151.4 | 145.4 | 144.9 | 144.2 | 152.6 | 155.8 | 160.9 | 164.8 |
| 2 | 137.9 | 155.3 | 155.2 | 154.2 | 153.2 | 139.7 | 139.6 | 139.5 | 155.3 | 159.9 | 161.7 | 166.0 |
| 3 | 136.3 | 152.1 | 152.7 | 152.0 | 151.5 | 137.2 | 137.2 | 137.2 | 152.0 | 160.3 | 162.8 | 163.7 |
| 4 | 134.8 | 147.8 | 149.1 | 149.0 | 148.9 | 135.2 | 135.2 | 135.3 | 147.8 | 149.5 | 154.8 | 155.2 |
| 5 | 132.8 | 141.3 | 142.9 | 143.3 | 143.6 | 132.8 | 132.8 | 132.8 | 141.3 | 146.5 | 149.3 | 157.1 |
| 6 | 135.7 | 144.0 | 145.9 | 146.6 | 147.1 | 136.1 | 136.2 | 136.2 | 144.0 | 148.1 | 151.6 | 158.0 |
| 7 | 138.8 | 145.8 | 148.4 | 149.4 | 150.2 | 139.1 | 139.1 | 139.2 | 145.8 | 150.2 | 152.3 | 159.4 |
| 8 | 140.1 | 146.2 | 149.2 | 150.6 | 151.5 | 140.3 | 140.4 | 140.4 | 146.2 | 150.9 | 153.1 | 159.9 |

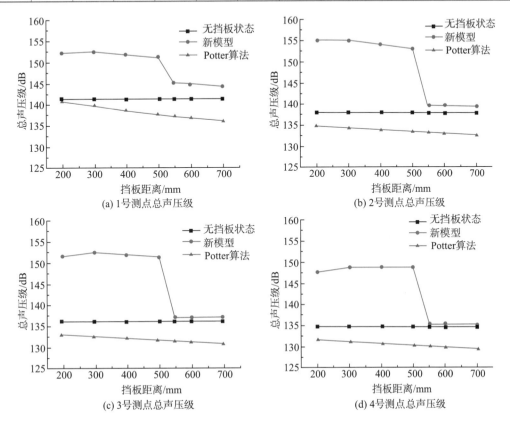

图 6-22　总声压级随挡板距离变化趋势

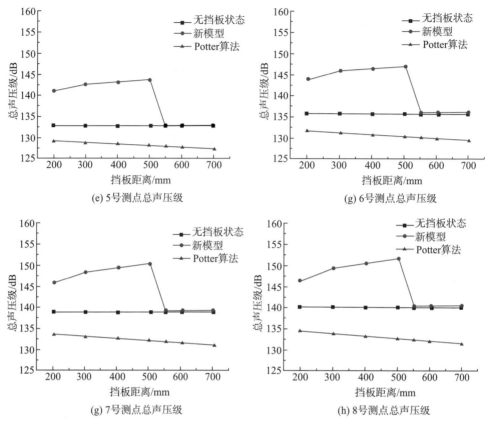

图 6-22　总声压级随挡板距离变化趋势（续）

　　各测点总声压级随挡板偏角的变化趋势如图 6-23 所示。从图中可以看出，对于工程预示模型计算结果，挡板偏角从 30° 增加到 75°，所有测点的总声压级逐渐上升，在挡板偏角 75° 时达到最大，比无挡板状态高 20 dB 以上，这与 3.5.2 节得出的结论相符合，验证了挡板偏角对噪声特性的影响规律。

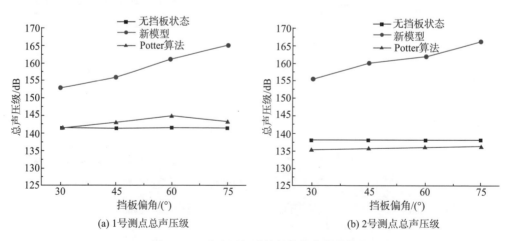

图 6-23　总声压级随挡板偏角变化趋势

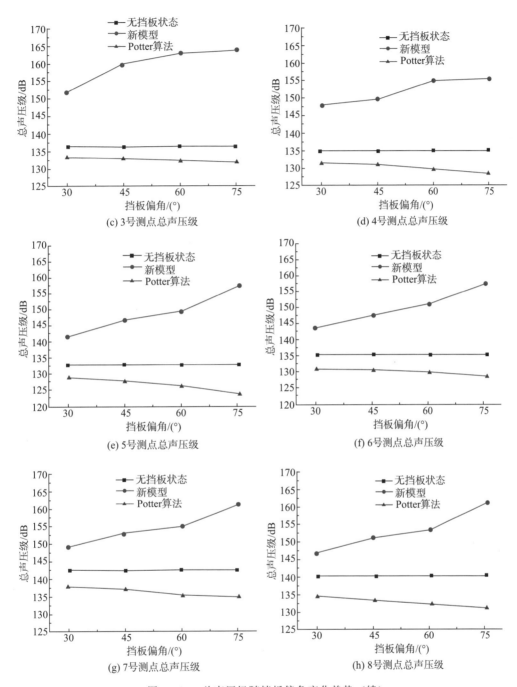

图 6 - 23　总声压级随挡板偏角变化趋势（续）

### 6.3.3　真实火箭发动机噪声计算

以某型液体火箭发动机为例，在有导流槽的状态下计算其喷流噪声，与试车测量结果和传统算法进行对比分析，进一步考量工程预示模型的计算精度和准确性。该型火箭发动机采用双机并联试车。图 6 - 24 为双机并联试车示意图。

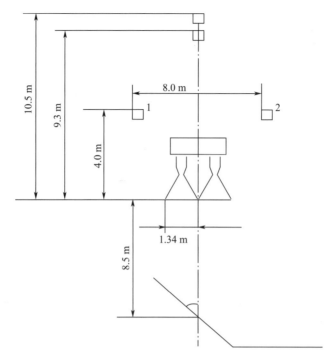

图 6-24　测点位置示意图

采用 Eldred 算法和 Potter 算法分别计算两个测点的噪声，与试车测量结果进行比较。试车状态下 1、2 号测点处两种方法的预示结果与试验数据的比较如图 6-25 所示。比较 1、2 号测点总声压，2 号测点明显高于 1 号测点，主要是由于导流槽对喷流的扰流和声反射效应造成的，符合实际情况。

从图 6-25 中可看出，对于 Eldred 方法，总声压级计算值与测量结果相差较小，最大相差 1.95 dB。在声压谱上与测量结果有一定差别，尤其是 2 号测点体现较明显。预示声压谱值在 1 000 Hz 前偏大，1 000 Hz 后偏小，主要原因是：喷流遇导流槽后大部分沿导流槽流动，方向不会发生 90°的突变，90°处理会使导流槽后的噪声源与预示位置距离变小，造成低频预示偏高（离发动机喷口越远的喷流噪声源低频成分越高），加上方向传递系数的综合作用，使得高频预示偏低。

从图 6-25 中可看出，对于 Potter 方法，总声压上与测量结果相差较大，误差达到 10 dB 以上，但其峰值频率和声压谱曲线变化却与试验值十分相似，主要是因为 Potter 方法应用的模型考虑了多喷管间的喷流干扰和导流槽的扰流作用，使得计算的声压谱有两个峰值，更符合实际情况。

工程预示模型计算结果与测量结果比较如图 6-26 所示。1 号测点计算结果总声压与测量结果相差 1.95 dB，声压谱在中心频率 8 000 Hz 最大相差 5.25 dB。2 号测点计算结果总声压与测量结果相差 0.27 dB，声压谱在中心频率 200 Hz 最大相差 1.81 dB。通过分析对比，本书工程预示模型的声压谱预示精度明显提高，优于 Eldred、Potter 算法。工程预示模型的声压谱计算误差见表 6-6。

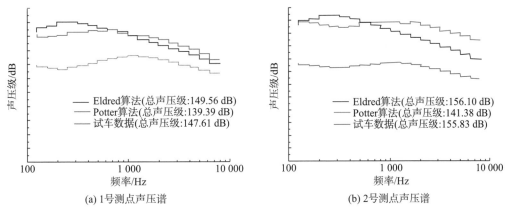

(a) 1号测点声压谱　　　　　　　　　　(b) 2号测点声压谱

图 6-25　两种算法的计算结果与试验数据的比较

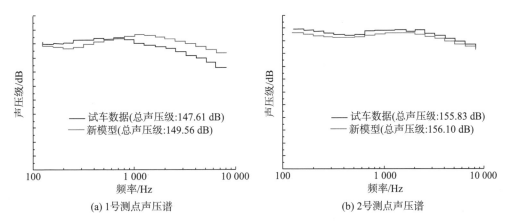

(a) 1号测点声压谱　　　　　　　　　　(b) 2号测点声压谱

图 6-26　工程预示模型计算结果与试验数据的比较

表 6-6　声压谱计算误差

| 中心频率/Hz | 计算误差(计算值－测量值)/dB | |
| --- | --- | --- |
| | 1号测点 | 2号测点 |
| 125 | −0.74 | −1.56 |
| 160 | −0.81 | −1.70 |
| 200 | −1.31 | −1.81 |
| 250 | −2.35 | −1.58 |
| 315 | −1.73 | −1.03 |
| 400 | −1.45 | −0.81 |
| 500 | −0.27 | −0.78 |
| 630 | 0.27 | −1.77 |
| 800 | 1.18 | −1.45 |

**续表**

| 中心频率/Hz | 计算误差(计算值－测量值)/dB | |
| :---: | :---: | :---: |
| | 1号测点 | 2号测点 |
| 1 000 | 2.86 | −1.11 |
| 1 250 | 3.01 | −1.04 |
| 1 600 | 3.10 | −0.85 |
| 2 000 | 3.10 | −1.61 |
| 2 500 | 3.41 | −1.23 |
| 3 150 | 3.66 | −1.16 |
| 4 000 | 3.81 | −0.84 |
| 5 000 | 4.56 | −0.81 |
| 6 300 | 1.19 | −0.92 |
| 8 000 | 5.25 | −0.36 |

### 6.3.4　模型校验结果分析

1）通过冷喷流状态下单喷管自由喷流、多喷管自由喷流以及挡板遮挡喷流的噪声校验工程预示模型，总声压级计算误差在5 dB左右，比传统工程预示方法精度提高。

2）通过热喷流状态下自由喷流、导流槽遮挡喷流的噪声校验工程预示模型，总声压级计算误差在3 dB以内，比传统工程预示方法精度提高。工程预示模型能够复现挡板距离和挡板偏角对噪声总声压级的影响规律，证明3.5节冷喷流噪声试验得出的结论在热喷流状态下仍然成立。

3）通过真实火箭发动机试车噪声校验工程预示模型，总声压级计算误差在2 dB以内，声压谱计算误差在6 dB以内，比传统工程预示方法精度提高。

## 6.4　运载火箭起飞噪声工程预示案例一

以某运载火箭为例，芯一级四台发动机并联，捆绑四个助推器，在发射塔上布置了6个测点，现对其起飞噪声进行工程预示，与测量结果进行对比，分析工程预示模型的准确性。其中导流槽结构如图6-27所示，芯一级四台发动机并联，捆绑四个助推器，助推器与芯级使用相同的发动机。起飞状态噪声测点位置如图6-28所示。

本书分别计算6种飞行高度状态下测点S1～S6对应的声压级，并与测量数据进行对比，测量结果如图6-29所示，计算结果如图6-30所示。从图6-30可以看出，起飞过程6个测点声压级也是先增大后减小，最大总声压级出现时刻随着测点位置的升高而推迟，在7 s左右出现转折，变化趋势与图6-29所示测量结果基本一致。表6-7为起飞段测点S1～S6的最大总声压级计算误差。

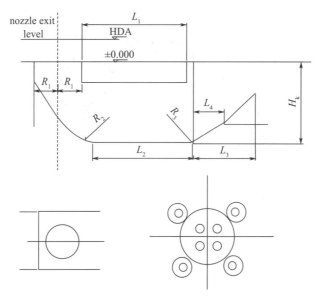

图 6-27　导流槽结构图

图 6-28　起飞状态噪声测点位置

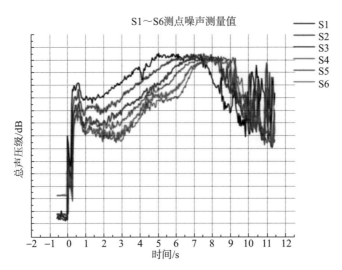

图 6-29　S1～S6 测点总声压级随时间的变化（测量结果）

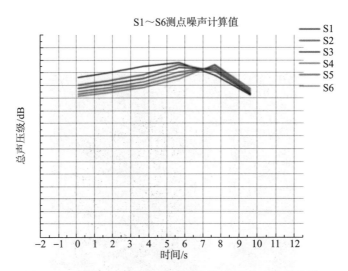

图 6-30　S1～S6 测点总声压级随时间的变化（计算结果）

**表 6-7　起飞段测点 S1～S6 的最大总声压级计算误差**

| 测点位置 | 最大总声压级计算误差/dB |
|---|---|
| S1 | −2.2 |
| S2 | −2.8 |
| S3 | −3 |
| S4 | −2.1 |
| S5 | −1.2 |
| S6 | −1.6 |

　　图 6-31 详细对比了其中 6 个测点测量结果和计算结果的差异。从图中可以看出，计算结果与测量结果最大值出现时刻基本一致，最大值计算误差在 -3 dB ~ -1.2 dB 之间，能较为精确地捕捉最大总声压级。由于这 6 个测点均位于塔架上，当出现最大总声压级时喷管出口均位于测点之上，除导流槽出口噪声外，其余均不存在结构的阻挡，因此计算精度较高。但是，在起飞初始时刻，计算结果与测量结果相比误差较大，因为此时箭体结构对噪声的传播产生了阻挡，而算法中没有考虑这部分阻挡带来的损失，故计算值偏大。然而，随着飞行高度的增加，误差逐渐变小。

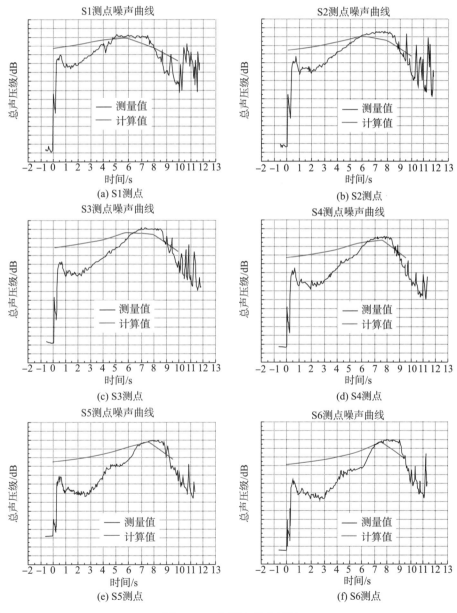

图 6-31　各测点总声压级

图 6-32 为各测点计算结果与测量结果声压谱比较。从图中可以看出，工程预示模型能较为准确地预示声压谱的变化趋势及峰值频率，声压谱最大计算误差为 6.3 dB。

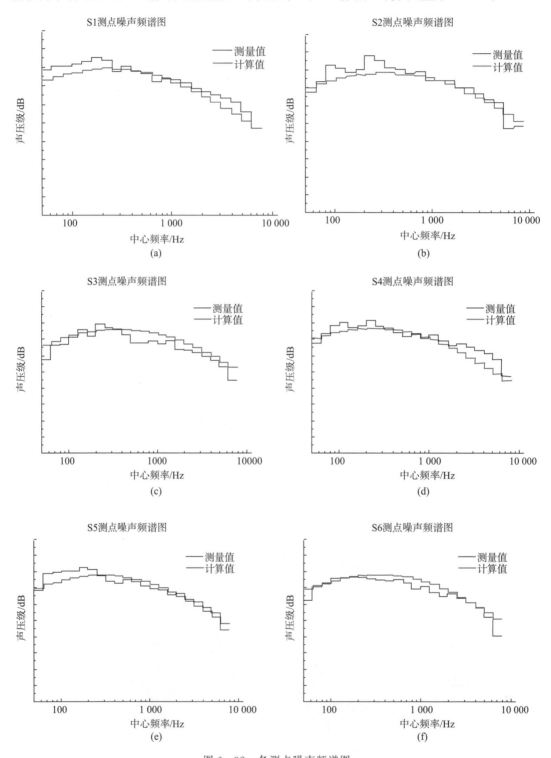

图 6-32　各测点噪声频谱图

## 6.5　运载火箭起飞噪声工程预示案例二

6.4 节中已通过某运载火箭起飞噪声的工程预示验证了模型的准确性,现应用该模型针对另一型运载火箭起飞噪声进行预示。

该型火箭发射场导流槽结构如图 6-27 所示,芯一级采用两台发动机并联,捆绑四个助推器,助推器与芯级使用相同的发动机,火箭构型如图 6-33 所示。噪声测点位置以及起飞状态均假设与 6.4 节中相同,共有 6 个噪声测点 S1～S6 位于发射塔架上,火箭的 6 种飞行高度分别为 0 m、3.5 m、9.2 m、28 m、61 m、109 m,分析总声压级随飞行时间(飞行高度)的变化关系。

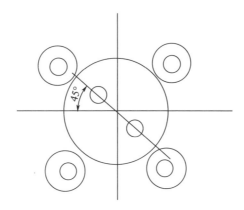

图 6-33　火箭发动机布局示意图

6 个测点 S1～S6 的变化趋势与 6.4 节相同,如图 6-34 所示。由于发射台和导流槽的状态与 6.4 节相同,测点布置位置也相同,仅仅是发动机工作参数和火箭的构型有所改变,因此 6 个测点随着飞行时间(飞行高度)的变化趋势与 6.4 节的状态相同。

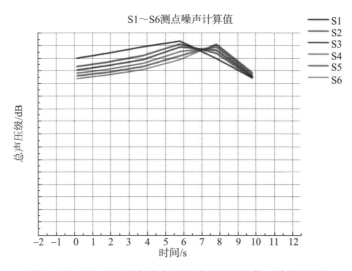

图 6-34　S1～S6 测点总声压级随时间的变化(计算结果)

　　起飞过程中 6 个测点的总声压级先增大后减小，随着测点位置的升高，最大总声压级的出现时刻推迟。在 7 s 之前，各测点总声压级随着测点位置的升高而降低，在 7 s 之后，各测点总声压级随着测点位置的升高而增加。

　　对比两型火箭在 6 个测点位置的总声压级数据，案例二火箭的总声压级比案例一火箭略高，但差别不大，在 1.2 dB 以内，如图 6 - 35 所示，两型火箭的最大总声压级之差见表 6 - 10。

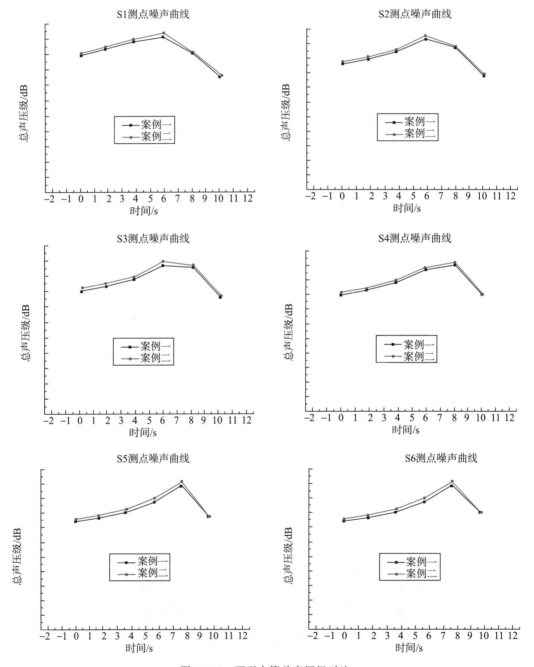

图 6 - 35　两型火箭总声压级对比

**表 6 - 10　两型火箭最大总声压级之差**

| 测点编号 | 最大总声压级之差/dB |
|:---:|:---:|
| S1 | 1.2 |
| S2 | 0.9 |
| S3 | 1 |
| S4 | 0.7 |
| S5 | 0.9 |
| S6 | 0.9 |

# 第 7 章　运载火箭喷流气动噪声抑制与防护

## 7.1　引言

　　运载火箭在整个飞行过程中，会受到各种噪声影响，其中起飞阶段发动机喷流气动噪声影响最大。这些噪声作用在火箭上，会产生高量级的结构响应，容易导致有效载荷、仪器设备和整体结构产生破坏，特别是太阳能电池板、高增益碟形天线等会产生疲劳破坏。为此，近年来，运载火箭噪声环境抑制与防护理念得到了各国航天研究机构的关注。对运载火箭发射阶段声振环境进行控制，不仅可以提高火箭发射的可靠性，还可以提高有效载荷比，进而降低发射成本、减小发射风险。要降低火箭起飞阶段的噪声影响，一方面是抑制噪声源声压级，如喷水降噪等，另一方面就是在传播路径上开展主动和被动控制。本章将概要介绍运载火箭喷流气动噪声抑制与被动防护技术的应用情况。

## 7.2　声源抑制

　　根据火箭发动机喷流噪声产生机理及噪声辐射特性理论，要从声源上降低火箭发动机喷流气动噪声，主要在于改变流场湍流特性和激波结构等，目前常用的方法是喷水降噪。

### 7.2.1　喷水降噪机理

　　声学研究表明，空气中的悬浮液滴对于声波可以起到衰减作用。根据美国学者 Knudsen 和 Marble 等的研究，在 25 ℃ 的空气中，悬浮 1% 质量百分比的粒径为 1.4 $\mu$m 的液滴对于平面波的衰减幅度就可以超过 5 dB/m。向火箭发动机喷流的剪切层中喷水，通过两相掺混，使得喷流的能量向水流方向传递，低速水流吸收高温、高速气流的能量，从而降低喷流辐射噪声的能力。另外，水流也会影响喷流的不稳定性，这主要是因为在喷流中注水能显著地改变喷流剪切层的湍流脉动，进而剪切层不稳定性所带来的压力波动也会随之显著改变。

　　佛罗里达州立大学的 D. Washington 和 A. Krothapalli 等研究了水喷射对超声速气流的影响。他们曾采用平面激光散射图像、纹影照相和粒子图像速度计对超声速喷流流场进行拍摄研究。结果发现，水珠进入高速气流剪切层之后迅速破裂，如图 7-1 所示。在水流喷注的末端，大部分水滴分裂成由直径为 4 $\mu$m 左右的小滴组成的雾状云。粒子图像速度计在水喷射区域的测量说明了水滴的破碎过程可以延续相当长的一段区域，致使湍流严重衰减。他们在研究中还发现超声速流的噪声声源区从喷管出口可延伸到 20 倍喷口直径的距离，其中水喷射减小了所有频率噪声的声压级，同时当喷射水流的质量流率为气流质量流率的 10% 时，噪声的整体声压级减小了大约 6 dB，如图 7 - 2 所示。

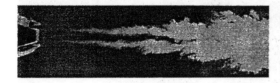

图 7 - 1　没有喷水和顶部有喷水的喷流瞬时图像

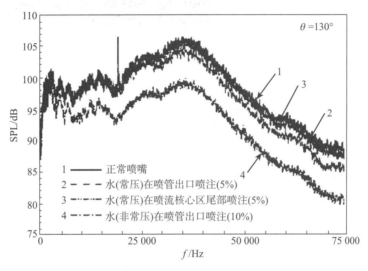

图 7 - 2　不同水喷射情况下的窄频带噪声频谱

### 7.2.2　Ariane 5 运载火箭喷水降噪研究

D. Gely，G. Elias 和 C. Bresson 等人运用发动机缩比模型试验及 Ariane 5 运载火箭发射噪声实测数据开展了喷水降噪研究。缩比试验设施主要为一套氢燃料发动机（Air - Hydrogen），该发动机可以产生总压 2.5~3 bar、总温 500~2 100 K 的完全膨胀气流，其扩张段气流速度可达到 500~1 800 m/s 之间，从启动到稳定工作不超过 5 s，能够持续工作 15 min。该发动机工况具有较高的可再现性，总压精度可达 1%，总温精度可达 2%，配套的喷管种类包括锥形收敛-膨胀喷管、钟形拉瓦尔喷管和收敛喷管等。缩比模型试验台仿照发射台和导流槽设计，并取其对称结构的一半，模型导流槽和发射台上带有水喷射装置，具体布局如图 7 - 3 所示。考虑到模型缩比尺寸和速度的差异，根据 Strouhal 数推算，测量缩比模型的 315~800 Hz 频带对应于实际全尺寸发动机的 10~250 Hz 频带。

根据 Ariane 5 运载火箭发射实测噪声，最需要采用降噪措施的是运载火箭发射的初始阶段，如运载火箭离地面 0~30 m 的阶段。早期用于降噪的注水管道有三条，即 P1、P2 和 F。在运载火箭离地面 10 m 后，P1 和 P2 管路分别开始向发射台架和支承座喷水。两条管路在运载火箭离地 20 m 后开始全流量喷水，以避免喷淋到运载火箭底部。第三条 F 喷水管路安装在导流槽内，在固体助推器的发动机点火之前就开始向导流槽中喷水。由于

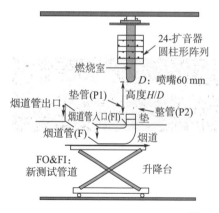

图 7-3　喷水降噪缩比模型试验

运载火箭的最大噪声出现在离地 0～20 m 时，而此时 P1 和 P2 管路还不能全额注水，并且在发射的初始阶段大部分发动机排气都要流经导流槽，所以试验研究的重点在于 F 管路的改进。

　　在缩比试验中，重点对喷水角度、喷水流量和喷水位置等参数的影响进行了研究。研究发现，改变 F 管路的喷水流量和角度对于降噪效果有一定影响，但影响有限，在关键噪声频段取得的降噪效果仅有 1～3 dB，如图 7-4 所示。

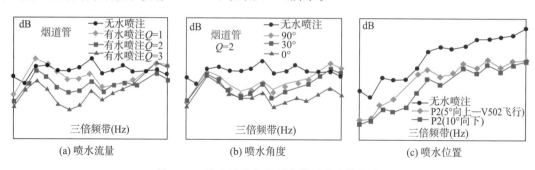

图 7-4　缩比试验中各项参数对噪声的影响

　　进一步的研究表明，更为有效的降噪方式是让喷水位置更为靠近发动机尾流；在运载火箭离地 20 m 以下时，噪声源主要位于导流槽入口和出口两个区域。因此，在导流槽出口增加了喷水管路 FI 和 FO。在模型试验中，这种降噪措施取得了较好的效果。根据该措施改进了 Ariane 5 运载火箭发射场的喷水设施，V503 次发射较改进前的 V502 次发射在运载火箭发射的初始阶段取得了约 5 dB 的降噪效果，如图 7-5 所示。

　　为了进一步优化 Ariane 5 运载火箭发射场的降噪效果，在马特尔工厂的缩比模型装置上进行了进一步降噪研究，如加长助推器导流槽，将其从 10 m 加长到 30 m，可以取得更为明显的降噪效果。根据该研究成果改进了 Ariane 5 运载火箭的发射场，改进后的 V504 次发射较改进前的 V503 次发射又取得了约 5 dB 的降噪效果，如图 7-6 所示。图 7-7 所示为待发射的 Ariane 5 及其布置在发射台上的喷水管路装置。

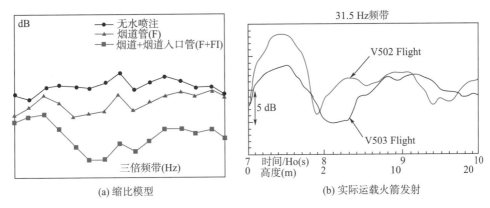

(a) 缩比模型　　　　　　　　　　(b) 实际运载火箭发射

图 7-5　改进喷水管路的降噪效果

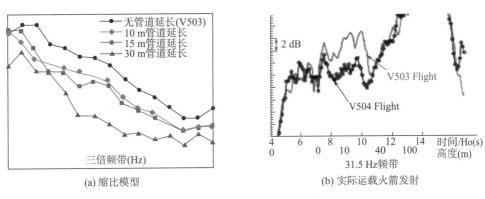

(a) 缩比模型　　　　　　　　　　(b) 实际运载火箭发射

图 7-6　改进导流槽的降噪效果

图 7-7　待发射的 Ariane 5 及其周围的喷水装置

## 7.3　传播被动控制

基于传播路径被动控制的降噪技术也一直是运载火箭喷流气动噪声抑制的重点研究方向，如增加轻质亥姆霍兹共鸣器、添加声学覆盖层、改变整流罩声阻抗等技术已应用于美国、欧空局等多型运载火箭。我国运载火箭也一直高度关注降噪技术，开展了以多孔吸声材料为主的降噪相应理论和试验研究，积累了大量的地面试验数据和研究成果。

### 7.3.1　亥姆霍兹共鸣器

一个空心圆球插一根短管就构成亥姆霍兹共鸣器，常见的三种模式如图 7-8 所示。亥姆霍兹共鸣器可受外声场的激发并消耗其能量成为吸声体，在其共振频率吸声能力尤为突出。若需拓宽其吸收频带，可在管内增加吸声材料。

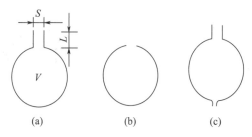

图 7-8　亥姆霍兹共鸣器示意

弗吉尼亚理工大学 Sacarcelik 和 Esteve 曾经采用纸板和 PETG 透明塑料设计了早期轻质的亥姆霍兹共鸣器，如图 7-9 所示。美国空军研究实验室和科学应用国际公司，则将其引入到整流罩的空腔夹层结构中，即在空腔夹层结构上布置了一系列轴向复合材料管，

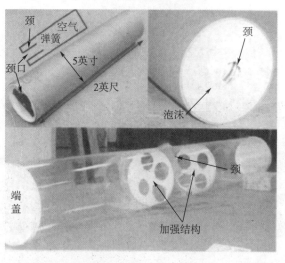

图 7-9　由纸板和 PETG 透明塑料制成的轻质亥姆霍兹共鸣器

轴向复合材料管两端向整流罩内部空腔开孔，并在管中不同位置布置泡沫塞，从而形成覆盖 55～2 000 Hz 的一系列 T 型声学共鸣器，如图 7 - 10 所示。采用该空腔夹芯结构的整流罩可以实现在不增加结构质量和减小内部空间的前提下，将 0～500 Hz 频带噪声降低 3 dB，0～2 000 Hz 频带噪声降低 2.3 dB。

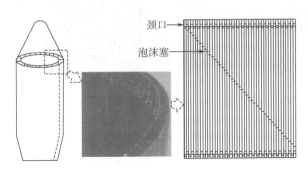

图 7 - 10　设计有 T 型共鸣器的空腔夹芯整流罩

国内某航天产品采用亥姆霍兹共鸣器方法进行降噪，无降噪措施时噪声在 109 Hz 特定频率下有明显峰值，采用亥姆霍兹共鸣器后，在特定频率下其吸声系数可达 0.988，综合降噪 3 dB 以上，如图 7 - 11 所示。

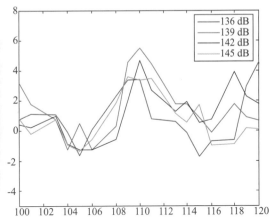

图 7 - 11　亥姆霍兹共鸣器的安装及降噪效果

中科院声学所提出了一种新型柔性管束穿孔板共振吸声结构，它由穿孔板和背板、侧板（三者组成封闭空腔）及弯曲的柔性管束构成，相当于多个亥姆霍兹共鸣器并联而成，如图 7 - 12 所示。在这种结构中，柔性管束的长度与吸声频率直接相关，通过设计其长度可以控制吸声频率带宽，从而实现多种频率下的噪声抑制。

### 7.3.2　声学覆盖层

目前，运载火箭往往在整流罩内壁敷设声学覆盖层（如玻璃纤维、毛毡等），利用其隔声和声吸收原理来减小内部声压级。美国 NASA 曾经对声学覆盖层进行了深入研究，

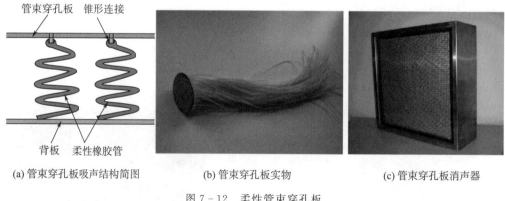

(a) 管束穿孔板吸声结构简图　　　(b) 管束穿孔板实物　　　(c) 管束穿孔板消声器

图 7-12　柔性管束穿孔板

提高了其消声性能，在卫星最敏感的 200～250 Hz 频率范围内，整流罩内部声压级降低了 3～4 dB，如图 7-13 所示。

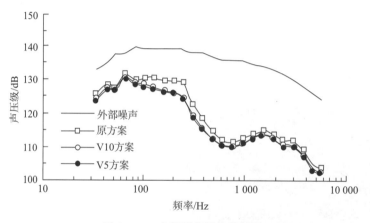

图 7-13　声学覆盖层改进效果

　　随着吸声材料的发展，一种更加轻质和高吸声性能材料密胺泡沫 Melamine Foam（即三聚氰胺泡沫）问世，并在建筑、汽车、高铁、航空、航天等领域中得到广泛应用。NASA 格伦研究中心 William O. Hughes，Anne M. McNelis 等人针对高性能密胺泡沫分三个阶段开展了系统的试验研究。

　　1）第一阶段重点针对泡沫厚度、泡沫空隙加强、泡沫中间声障物三个方面开展研究，并与 1997 年 Cassini 发射任务采用的玻璃纤维吸声毯进行对比，发现密胺泡沫不仅提高了吸声系数峰值，拓宽了吸声有效频率范围，且具有质量轻、成本低、工艺性好等诸多优点，在航天领域具有很好的应用前景。研究还表明，泡沫厚度增加可提升 100～400 Hz 中低频段降噪效果，泡沫空隙加强对吸声性能基本没有影响，泡沫中增加声障物可明显提升其降噪效果。

　　2）第二阶段重点针对泡沫密度、泡沫厚度、声障物在泡沫中的位置、泡沫包覆聚酰亚胺膜等不同组合方式对吸声降噪效果开展验证，并考虑了泡沫实际安装中边界密封的影响。试验结果表明，泡沫密度对吸声效果的影响与厚度的影响相似，随着泡沫密度的增加可提升 100~400 Hz 中低频段降噪效果，吸声材料包覆聚酰亚胺膜后对降噪效果影响很大。

3）第三阶段重点针对吸声泡沫采用桑德斯无纺布、非强化黑色聚酰亚胺膜、开孔和不开孔状态的镀铝聚酯薄膜等包覆材料进行研究，同时研究了在上述材料包覆下与布置声障物的综合降噪效果，综合筛选后发现吸声泡沫外部包覆桑德斯无纺布和开孔镀铝聚酯薄膜降噪效果最好。

我国某航天产品采用粘贴多孔吸声材料（三聚氰胺和吸音棉）方法进行降噪，三聚氰胺和吸音棉在 200 Hz 以上均可起到较好的降噪效果。其中三聚氰胺在整流罩内表面全铺可达到 7 dB 的降噪效果，半铺可达到 6 dB 的降噪效果，如图 7-14 所示。

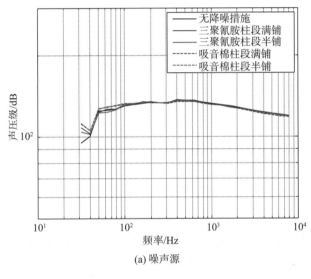

(a) 噪声源

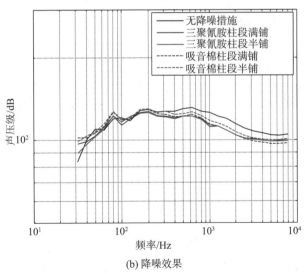

(b) 降噪效果

图 7-14　噪声源及测试点降噪效果对比

我国运载火箭研究机构还研究了阻燃性较好的芳纶棉和聚酰亚胺泡沫等吸声材料，实测吸声性能见表 7 - 1 和表 7 - 2。此外，还开展了外部包覆材料的研究。这种包覆材料具有良好的清洁性能、阻燃性能、防水性能，包覆后降噪效果提升约 10%，包覆效果如图 7 - 15 和图 7 - 16 所示。

**表 7 - 1　芳纶棉实测吸声性能**

1/3 倍频程中心频率

| 频率 $f$ /Hz | 200 | 250 | 315 | 400 | 500 | 630 | 800 | 1 000 |
| --- | --- | --- | --- | --- | --- | --- | --- | --- |
| 吸声系数 $\alpha_0$ | 0.08 | 0.09 | 0.12 | 0.17 | 0.31 | 0.33 | 0.36 | 0.5 |
| 频率 $f$ /Hz | 1.25 k | 1.6 k | 2 k | 2.5 k | 3.15 k | 4 k | 5 k | 6.3 k |
| 吸声系数 $\alpha_0$ | 0.51 | 0.58 | 0.75 | 0.74 | 0.82 | 0.91 | 0.88 | 0.89 |

平均降噪吸声系数＝0.41。

**表 7 - 2　聚酰亚胺泡沫实测吸声系能**

1/3 倍频程中心频率

| 频率 $f$ /Hz | 200 | 250 | 315 | 400 | 500 | 630 | 800 | 1 000 |
| --- | --- | --- | --- | --- | --- | --- | --- | --- |
| 吸声系数 $\alpha_0$ | 0.09 | 0.1 | 0.14 | 0.21 | 0.33 | 0.4 | 0.5 | 0.53 |
| 频率 $f$ /Hz | 1.25 k | 1.6 k | 2 k | 2.5 k | 3.15 k | 4 k | 5 k | 6.3 k |
| 吸声系数 $\alpha_0$ | 0.54 | 0.68 | 0.87 | 0.87 | 0.85 | 0.7 | 0.81 | 0.98 |

平均降噪吸声系数＝0.45。

图 7 - 15　芳纶棉包覆后状态

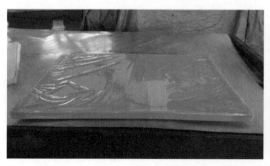

图 7 - 16　聚酰亚胺泡沫包覆后状态

这种包覆后的产品参加了某型整流罩降噪效果测试试验,如图 7 - 17 所示。整流罩内噪声环境有所改善,降噪效果达到 2～3 dB,不同频段实测降噪效果见表 7 - 3。需要注意的是,虽然吸声材料对中高频噪声的吸声效果较理想,但对于低频段噪声的吸声效果欠佳,如图 7 - 18 所示,需要进行优化设计或配合其他措施组合使用。

图 7 - 17　整流罩降噪效果测试试验

表 7 - 3　敷设吸声材料前后降噪效果对比　(dB)

| 位置 | 敷设泡沫(隔声量) | 不敷设泡沫(隔声量) | 单纯泡沫吸声量 |
| --- | --- | --- | --- |
| 头锥 | 9.82 | 7.61 | 2.21 |
| 锥柱交接面 | 9.58 | 6.90 | 2.68 |
| 柱段 | 6.42 | 2.84 | 3.58 |
| 锥柱交接面 | 10.60 | 7.60 | 3 |
| 倒锥段 | 9.88 | 7.42 | 2.46 |
| 仪器舱 | 9.84 | 8.04 | 1.8 |

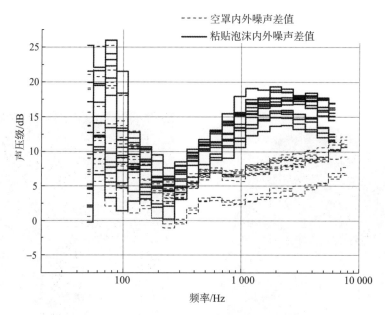

图 7 - 18　粘贴泡沫前后在不同频段的降噪效果

### 7.3.3　改变结构声阻抗

利用结构来阻碍噪声传播的措施很多，包括单层板、多层板以及复合板隔声等。对于单层板，根据质量定律，在吻合频率以下，面密度增加一倍，隔声量提高 6 dB。对于多层板，板之间若为空气，隔声量相对单板大大增加，其质量增加一倍，隔声量增加 12 dB。多层板之间需要考虑声桥（如薄板之间的刚性连接物等）影响，其将导致隔声性能有一定损失。声桥采用不同材料、厚度、间距和形状的龙骨，可改变多层结构的隔声量。另外，在多层板中间空气层中适当放入吸声材料可以提高隔声性能，但吸声材料不能放得过量，否则隔声量反而会下降。

Ariane 系列火箭在氦气降低整流罩内噪声方面开展了试验性研究。研究表明氦气在降低整流罩内噪声方面比较有效，在整流罩内注入氦气可以获得 5～15 dB 降噪量，如图 7 - 19 所示。

Ariane 5 整流罩降噪试验曾经在一个 13.4 m×15.2 m×26.2 m 的混响室中进行，其低频截止频率为 50 Hz，图 7 - 20 为声试验设备简图，图 7 - 21 给出了直径为 3.0 m 的波纹板整流罩试件，其内装有模拟有效载荷的试件。

试验将整流罩内部空间分成 3 个部分，以区分内部声压级，如图 7 - 21 所示。其中区域 1 是有效载荷上面空间，基本上为空，区域 2 和 3 是有效载荷周围及下面空间。图 7 - 22、图 7 - 23 和图 7 - 24 分别给出了整流罩内充有空气和氦气时区域 1、区域 2 和区域 3 的噪声衰减变化，可见在各个区域氦气所产生的噪声衰减都高于空气，尤其是在低频段效果更加明显。

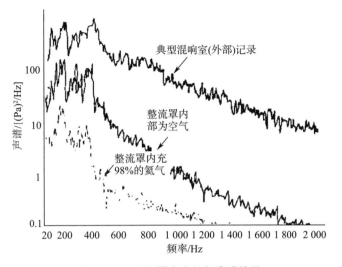

图 7 - 19 整流罩内充氦气降噪效果

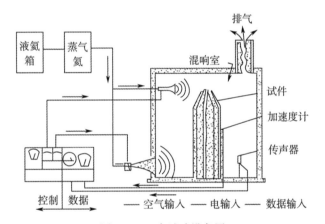

图 7 - 20 声试验设备图

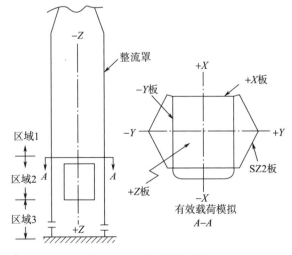

图 7 - 21 参试试件产品

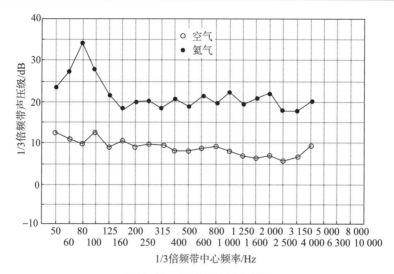

图 7 - 22　区域 1 的噪声衰减

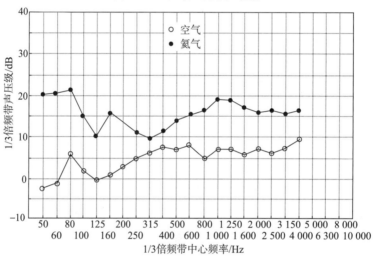

图 7 - 23　区域 2 的噪声衰减

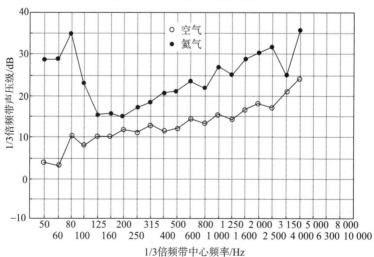

图 7 - 24　区域 3 的噪声衰减

　　另外，对铝蜂窝结构抽真空也能够有效增加其结构隔声量，进而降低内噪声量级，如图7-25所示。但是，由于铝蜂窝结构抽真空后内外压差会发生变化，需要开展强度、稳定性等承载性能分析。

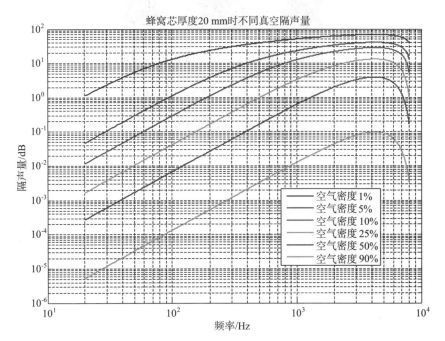

图 7-25　不同真空度对应的隔声量（蜂窝芯厚度 20 mm）

## 7.4　传播主动控制

　　噪声主动控制技术能够有效解决低频噪声控制问题。动圈扬声器是主动噪声控制中最有效的声学作用器。弗吉尼亚理工大学的 Cresay 和 Donald 等人曾经基于此研制了一种自适应主动控制技术，被用于运载火箭有效载荷部段内的噪声控制（见图 7-26）。这种装置包括一些常规的动线圈扬声器和麦克风。扬声器线圈在部段的头锥部，每个扬声器对应着一个麦克风，麦克风采集部段内噪声信号，这些信号经过控制系统后反馈在扬声器上实现闭环回路控制。他们的试验结果表明，罩内声压级在 $100\sim250$ Hz 范围内降低了 3.3 dB，声学共振点改变了约 5%。

　　美国海军研究实验室的 Houtong 等人采用有限元法对运载火箭部段结构及其内部空腔进行了建模与分析，并基于此设计了主动声学覆盖层来控制部段内部噪声。该主动覆盖层由作动器和压力-速度传感器所组成，如图 7-27 所示。利用结构-流体边界处的局部声学阻抗的空间平均值进行反馈控制，相当于在罩壁和内部流体之间形成一个"解耦"层，该方法等效于在外部声源和火箭有效载荷之间建立了一个真空环境。

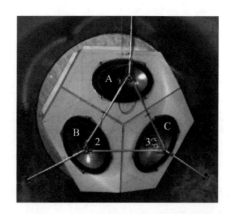

图 7 - 26　部段顶部自适应动线圈扬声器

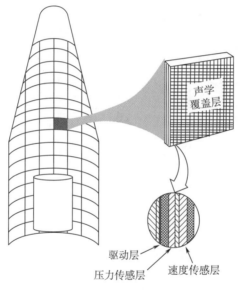

图 7 - 27　主动声学覆盖层示意图

# 参 考 文 献

［1］ 贺启环. 环境噪声控制工程 ［M］. 北京：清华大学出版社，2011.

［2］ 戈德斯坦. 气动声学 ［M］. 北京：国防工业出版社，2014.

［3］ 杜功焕，朱哲民，龚秀芬. 声学基础 ［M］. 南京：南京大学出版社，2001.

［4］ 张强. 气动声学基础 ［M］. 北京：国防工业出版社，2012.

［5］ 陶文铨. 数值传热学 ［M］. 西安：西安交通大学出版社，2003.

［6］ 马大猷. 噪声控制学 ［M］. 北京：科学出版社，1987.

［7］ 郑长聚，洪宗辉，王谭贤，等. 环境噪声控制工程 ［M］. 北京：高等教育出版社，2000.

［8］ 张志成，孙冲，朱曼利. 火箭发动机喷流噪声理论分析 ［C］. 中国宇航学会发射工程与地面设备专业委员会学术会议论文集，2003.

［9］ E Mollo Christensen，M A Kolpin，J R Martucelli. Experiments on Jet Flows and Jet Noise Far - Field Spectra and Directivity Patterns ［J］. J. Fluid Mech，1971，46：477－500.

［10］ Christopher K W Tam. Supersonic Jet Noise ［J］. Annu Rev Fluid Mech，1995 (27)：17－43.

［11］ J M Seiner，T D Norum. Experiments on Shock Associated Noise of Supersonic Jets ［R］. AIAA 1979－1526.

［12］ J M Seiner，T D Norum. Aerodynamic Aspects of Shock Associated Containing Jet Plumes ［R］. AIAA 1980－0965.

［13］ J M Seiner，M K Ponton. Supersonic Acoustic Source Mechanisms for Free Jets of Various Geometries ［C］. AGARD 78th B Specialists Meet on Combat Aircraft Noise. Bonn，Germany，1991.

［14］ J M Seiner，M K Ponton，B J Jansenet. The Effect of Temperature on Supersonic Jet Noise Emission ［R］. AIAA92－02－046.

［15］ Brenton J Greska. Supersonic Jet Noise and Its Reduction Using Microjet Injection ［D］. Department of Mechanical Engineering，2005.

［16］ 庄家煜，李晓东. 喷流噪声控制方法实验研究 ［J］. 工程热物理学报，2008 (04)：49－52.

［17］ 彭小波，李佳明，胡春波. 固体火箭发动机喷流噪声测量及声场分析 ［J］. 实验流体力学，2013，27 (1)：52－55.

［18］ 胡春波，李佳明，李林. 喷管尺寸对超声速喷流噪声影响研究 ［J］. 固体火箭技术，2012，35 (3).

［19］ 许伟伟，吴大转. 气流冲击喷流噪声的理论与实验研究 ［J］. 工程热物理学报，2013.

［20］ 徐强，等. 火箭燃气射流近场噪声特性实验研究 ［J］. 推进技术，2009，23 (4).

［21］ 汪洋海，李晓东. 超声速喷流啸音发声机理的试验研究 ［J］. 工程热物理学报，2006，2 (2)：

232 - 234.

[22]　汪洋海. 超声速喷流啸声的控制方法 [J]. 推进技术，2007，28 (2).

[23]　陈雄洲. 拉瓦尔喷管喷注噪声研究 [J]. 水雷战与舰艇防护，1998，4 (12)：44 - 46.

[24]　刘占卿，徐悦. 火箭发动机噪声辐射特性试验研究 [J]. 宇航学报，2009，30 (4).

[25]　G S Constantinescu，S K Lee. Large Eddy Simulation of a Near Sonic Turbulent Jet and Its Radiated Noise [R]. AIAA - 2001 - 0376.

[26]　N Andersson，L E Eriksson，L Davidson. Large - Eddy Simulation of a Mach 0. 75 Jet [R]. AIAA - 2003 - 3312.

[27]　N Andersson，L E Eriksson，L Davidson. A study of Mach 0. 75 jets and their radiated sound using large - eddy simulation [R]. AIAA - 2004 - 3024.

[28]　N Andersson，L E Eriksson，L Davidson. Investigation of an isothermal Mach 0. 75 jet and its radiated sound using large - eddy simulation and Kirchhoff surface integration [J]. Int. J. Heat and Fluid Flow，2005，26 (3)：393 - 410.

[29]　A Biancherin，N Lupoglazoff，G Rahier. Comprehensive 3D Unsteady simulations of subsonic and supersonic hot jet flow - fields part Ⅱ [R]. AIAA 2002 - 2600.

[30]　Aeroacoustic waves generated from supersonic jet impinging on an inclined flat plate [J]. Aeroacoustics Volume，2011，10 (4)：401 - 426.

[31]　彭小波，李林，胡春波. 高温超声速喷流噪声场分布特性研究 [J]. 西北工业大学学报，2012，30.

[32]　李林. 火箭发动机喷流流场特性及辐射噪声研究 [D]. 西安：西北工业大学，2013.

[33]　胡国庆，等. 轴对称射流气动声场的数值模拟 [J]. 计算物理，2001，18 (3)：193 - 197.

[34]　高军辉，李晓东. 超声速喷流啸音的大涡模拟研究 [J]. 中国科技论文在线，2010，3 (6)：536 - 540.

[35]　李晓东，高军辉. 基于全欧拉方程的二维平行剪切层声波 [J]. 航空动力学报，2003.

[36]　李晓东，高军辉. 二维平行剪切层声波产生和辐射的数值模拟 [J]. 航空学报，2003.

[37]　王兵. 基于 Lighthill 波动方程的轴对称射流气动声场的数值模拟 [J]. 大庆石油学院学报，2006.

[38]　Eldred K. Acoustic loads generated by the propulsion system [C]. NASA SP - 8072，June 1971.

[39]　Jean Varnier. Experimental study and simulation of rocket engine free jet noise [J]. AIAA，October 2001：1851 - 1859.

[40]　Jared Haynes. Modifications to the NASA SP - 8072 distributed source method Ⅱ for Ares Ⅰ lift - off environment predictions [C]. 30th AIAA Aeroacoustics Conference，Miami，Florida，USA，May 11 - 13，2009.

[41]　Potter R C，Crocker M J. Acoustic prediction methods for rocket engines，including the effects of clustered engines and deflected exhaust flow [C]. NASA CR - 566，Oct. 1966.

[42]　Kandula M，Vu B. Near - field acoustical characterization of clustered rocket engines [C]. 11th

AIAA/CEAS Aeroacoustics Conference，Monterey，CA，USA，Mar. 23 – 25，2005.

[43] Kandula M. Near – field acoustical of clustered rocket engines ［J］. Journal of Sound and Vibration，2008，309：852 – 857.

[44] Improved Empirical Methods for Rocket Noise Prediction through CAA Computation of Elementary Source Fields ［R］. AIAA – 2008 – 2939.

[45] 陈钰，周旭，徐悦. 火箭发动机近场射流噪声的计算方法 ［J］. 导弹与航天运载技术，2010 （03）：16 – 19.

[46] 乔渭阳. 航空发动机气动声学 ［M］. 北京：北京航空航天大学出版社，2010.

[47] Curle N. The Influence of Solid Boundaries upon Aerodynamic Sound ［J］. Proceedings of the Royal Society，231A. 1187，1955.

[48] Ffowcs Williams J E，Hawkings D L. Sound Generation by Turbulence and Surfaces in Arbitray Motion ［M］. Phil Truns9. 1969.

[49] J B Freund. Noise sources in a low—Reynolds—number turbulent jet at Mach 0. 9 ［J］. Journal of Fluid Mechanics，2001，438：277 – 305.

[50] J L Stromberg，D K Mclaughlin，T R Troutt. Flow field and acoustic properties of a Mach number 0. 9 jet at a low Reynolds number ［J］. Journal of Sound and Vibration，1980，72 （2）：159 – 176.

[51] S Boluriaan，P J Morris，L N Long，T Scheidegger. High speed jet noise simulations for noncircular nozzles ［R］. AIAA Paper. 2001：2001 – 2272.

[52] 曾耀祥，李东. 火箭声振环境预示方法研究 ［D］. 中国运载火箭技术研究院总体设计部，2011.

[53] 张维纲. 大型火箭发射时发动机噪声预示方法研究 ［J］. 强度与环境，1987 （5）.

[54] D Gely，G Elias，C Bression. Reduction of supersonic jet noise – Application to the Ariane 5 launch vehicle ［R］. AIAA 2000 – 2026.

[55] Ariane 5 火箭结构与技术. 中国运载火箭技术研究院，1999.

[56] Y Albert Lee，等. 用氦气衰减整流罩内的高声强 ［J］. 国外导弹与航天运载器，1991 （6）.

[57] 孙目，潘忠文. 卫星整流罩噪声环境预示与降噪设计 ［J］. 导弹与航天运载技术，2008 （4）：6 – 10.

[58] 陈钊，陈照波. 火箭整流罩内声场分析及降噪技术研究 ［D］. 哈尔滨：哈尔滨工业大学，2015.

[59] Acoustic loads generated by the propulsion system. NASA SP – 8072.

[60] Gentry C A，Guigou C，Fuller C R. Smart Foam for Applications in Passive /Active Noise Radiation Control ［J］. Journal of the Acoustical Society of America，1999，101 （4）：1771 – 1778.

[61] 马大猷. 噪声控制新进展 ［J］. 噪声与振动控制，1994 （1）.

[62] 马大猷. 微穿孔板吸声结构的理论与设计 ［J］. 中国科学，1975，18 （1）：38 – 50.

[63] 马大猷. 微穿孔板吸声体的准确理论和设计 ［J］. 声学学报，1997，2 （05）：285 – 303.

[64] Lane Steven A，Griffin Steven，Richard Robert E. Fairing noise mitigation using passive vibroacoustic attenuation devices ［J］. Journal of Spacecraft and Rockets，v43 n1 January/February

2006. p31 - 44.

［65］ Andrew D Williams，Scott E Franke，Benjamin K Henderson. Development of a Lightweight，Low Frequency Acoustic Barrier with Spherical Particles for Fairing Noise Control ［J］. 46th AIAA/ASME/ASCE/ AHS/ ASC structures，Structural Dynamics & Materials Confer. 18 - 21 April 2005，Austin，Texas：AIAA 2005 - 1938.

［66］ Richard Robert，Kennedy Scott，Lane Steven A. Noise Transmission Studies of an Advanced Grid - Stiffened Composite Fairing ［R］. ADA476215，2007 OCT.

［67］ 马大猷. 亥姆霍兹共鸣器 ［J］. 声学技术 ，2002（Z1）.

［68］ Ariane 5 火箭结构与技术编译组. Ariane 5 火箭结构与技术译文集（一）［R］. 中国运载火箭技术研究院，1999：184 - 197.

［69］ 葛其明，姚朝辉，崔雨，何枫. 凹凸板冲击射流噪声特性的实验研究 ［J］. 清华大学学报（自然科学版），2005，45（5）.

# 附录　喷流噪声试验准则及测试方法

## 1　测试环境准则

为了解火箭发动机喷流气动噪声的分布特性和规律，在进行试验测量时，必须排除外界的干扰和影响，不能让反射信号进入传感器，也不能将声场辐射信号屏蔽或阻挡，这就对试验的测试环境提出了一定的要求。一般需要测试环境满足自由声场条件。

自由声场就是指声场中只有直达声波而没有反射声波的声场，要模拟完全理想状态的自由声场是不可能的，在实际操作中，努力做到使反射声场尽可能小，使得其与直达声波相比可忽略不计。在实际操作中，自由声场条件一般通过两种途径实现：1）发动机室外地面台架试验；2）消声室试验。

### 1.1　发动机室外地面台架试验

发动机室外地面台架试验也称为静态发动机噪声试验，顾名思义，该试验是将发动机安装在室外的地面试车台上，保证试验场地足够开阔空旷，地势相对平坦，除了地面效应外，不存在明显影响噪声测量的建筑物和其他障碍物，从而避免了试验中声波的反射干扰。测量点环境噪声 1/3 倍频程声压级需明显低于发动机噪声 1/3 倍频程声压级，保证在试验过程中，发动机噪声不受环境噪声的影响。

此外，发动机的支撑结构通常要求对发动机噪声的干扰要小，既不能干扰发动机喷流噪声的产生和传播，也不能在噪声辐射区域产生反射声波。在无法消除干扰时，通常在支撑结构表面粘贴吸声材料，以减小其对发动机噪声特性的影响。

在进行发动机室外地面台架试验时，户外环境条件还须满足以下要求：

1）无降雨、降雪等。

2）测试设备不能产生冷凝现象。

3）试验区域内没有可使声学特性改变的地面覆盖物，如雪、地毯等。

4）测试期间平均风速不能超过 22.5 m/s，最大风速不能超过 27.8 m/s。与发动机轴线垂直的侧风在 30 s 内平均值一般不超过 10 km/h。

5）在整个测量频率范围内，对每个 1/3 倍频程带，背景噪声的声压级应低于发动机噪声声压级的 10 dB 以上。

### 1.2　消声室试验

消声室试验是指在一个具有自由声场特性的房间，可理解为在一个声吸收效率特别高的房间内开展的噪声测量试验。在消声室中，仅有来自声源的直达声，没有障碍物的反射声，也没有外来的环境噪声。为保证消声室内接近于自由声场特性，室内的6个表面都应该铺设吸声系数特别高的吸声结构。

消声室内的吸声结构多使用尖劈、穿孔底板，即共振腔结构。消声室内自由声场的鉴定，一般用声压与点声源距离成反比的定律进行验证，即距离增加1倍，声压级减小6 dB，允许有0.5 dB的偏差。如图1所示。

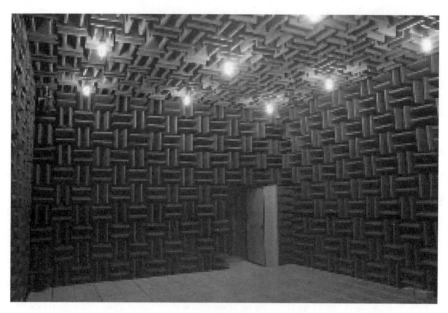

图1　消声室图片

## 2　传声器使用准则

传声器是用来获得声学信号的一种传感器，按照工作原理的不同可分为电容式传声器和压电式传声器，目前普遍使用电容式传声器。传声器的灵敏度等性能指标会随着温度、湿度、气压等外界环境条件的影响而变化，在使用时可配置诸如鼻锥、防风罩和防雨罩等专用配件，减小或避免外界环境对测量准确性的影响。

### 2.1　传声器工作原理

目前，噪声试验测量中普遍使用直径规格为1、1/2、1/4或1/8 in的电容式传声器，现简要介绍其工作原理。

电容式传声器，由传声器的膜片和后极板组成电容的两极，如图2所示。膜片多采用聚四氟乙烯材料，这种材料经特殊电处理后，表面永久地驻有极化电荷。当声压作用在传感器膜片上时，引起膜片的振动，使传感器的电容变化，根据$U=Q/C$，从而使传感器输出电压变化，将声信号转化为电信号。

电容式传感器，具有以下几个显著优点：

1）良好的动态特性，能在几兆赫兹的频率下工作；

2）声灵敏度高，振动灵敏度小；

3）质量轻，体积小；

4）结构简单，适应性强，可在高低温及强辐射等恶劣环境中工作；

5）可进行非接触测量；

6）本身发热影响小。

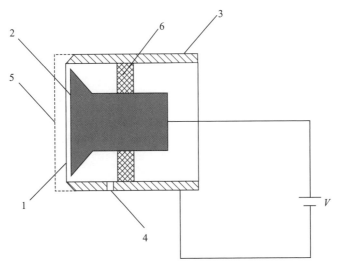

图 2　电容式传声器工作原理

1—极板（膜片）；2—后极板；3—壳体；4—均压孔；5—网罩；6—绝缘体

## 2.2　传声器位置与安装

传声器的位置与安装要求与噪声试验的目的直接相关，一般情况下，要求传声器距离发动机足够远，使测量声压可以外推到较大的范围而不需要考虑各噪声源的具体贡献，并且传声器位置应该具有适当的角度间隔，从而确定噪声的方向特性。

为达到上述目的，传声器通常布置在以发动机喷口为中心的圆周上，距发动机出口最小距离为喷管出口直径的 15～20 倍。由于喷流噪声的对称性，传声器可布置在发动机一侧。由于火箭发动机喷流噪声的噪声源可延伸至喷口下游 20～30 倍喷管出口直径处，在测量过程中，可在喷流下游发动机中心线的平行线处布置传声器，或在不同距离和角度布置传声器。

在同一圆周上不同角度的传声器，通常布置在与发动机喷流轴线成 10°～160° 的范围内，传声器角度间隔以不超过 10° 为宜。在噪声量级较高的角度范围，传声器的角度间隔可更密一些。如图 3 所示。

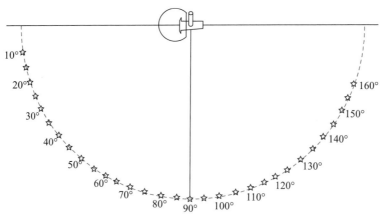

图 3　传声器布置示意图

## 3　噪声测试方法

声功率反映了噪声声源能量的大小，由于没有直接测量声功率的仪器，通常使用声压测量来间接地测量声功率。对于火箭发动机喷流气动噪声，噪声特性具有明显的指向性，需要通过自由场法、半自由场法或混响室法进行测量。

精密的测量要在消声室或者混响室内进行，工程精度级的测量可以在现场或者大房间中进行。国际标准化组织（ISO）已经颁布了一系列关于测量噪声源声功率方法的国际标准，如第 1 章表 1-2 所示。

### 3.1　自由场测量方法

（1）无指向性声源声功率测量

若声源是无指向性声源，则在自由空间的每个位置处布置传声器，测得其声压级即可计算出声功率，即

$$L_w = L_p + 20\lg r + 11 \tag{1}$$

式中　$r$ ——噪声源与传声器的距离；

　　　　$L_p$ ——距离 $r$ 处的声压级。

实际上声功率测量多在消声室中进行，消声室内各表面吸声系数应大于 0.99，传声器位置距声源为 2~5 倍声源尺寸，通常不小于 1 m，传声器位置距墙面的距离不应小于被测信号波长的 1/4。

（2）指向性声源声功率测量

对于指向性声源的声功率测量，当声源放置在自由空间时，必须测出声源同一距离处假想球面上多个点的声压级，球的半径应不小于前文提到的 15~20 倍喷管出口直径，保证各测点之间声压级变化不超过 6 dB，若无法满足，则需要在假想球面上布置更多的传声器。求解声功率时，将假想球面按照测点数目分配面积，若各传声器布置均匀，占有的面

积相同，则可用如下公式计算平均声压，即

$$\overline{L_p} = 10\lg\frac{1}{N}\left(\sum_{i=1}^{N} 10^{0.1L_{pi}}\right) \tag{2}$$

式中，$L_{pi}$ 为第 $i$ 个传声器的声压级，$N$ 是传声器个数。若传声器分布不均匀，所属测量面积不相等，则用面积加权法计算平均声压。

在自由声场中噪声级的声功率为

$$L_w = \overline{L_p} + 10\lg S_1 \tag{3}$$

其中，$S_1 = 4\pi r^2$。图 4 给出了 ISO3742 建议的传声器布置方式，表 1 给出了各传声器位置的坐标，其中 $z$ 轴垂直于水平面。

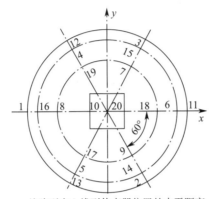

从阵列中心线到传声器位置的水平距离

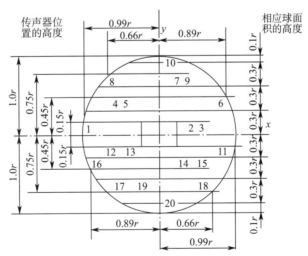

图 4 半径为 $r$ 的球面上具有等面积的 20 个测点位置

表 1 自由声场中传声器阵列位置

| 编号 | $x/r$ | $y/r$ | $z/r$ | 编号 | $x/r$ | $y/r$ | $z/r$ |
|---|---|---|---|---|---|---|---|
| 1 | $-0.99$ | 0 | 0.15 | 11 | 0.99 | 0 | $-0.15$ |
| 2 | 0.5 | $-0.86$ | 0.15 | 12 | $-0.5$ | 0.86 | $-0.15$ |

**续表**

| 编号 | $x/r$ | $y/r$ | $z/r$ | 编号 | $x/r$ | $y/r$ | $z/r$ |
|------|-------|-------|-------|------|-------|-------|-------|
| 3 | 0.5 | 0.86 | 0.15 | 13 | $-0.5$ | $-0.86$ | $-0.15$ |
| 4 | $-0.45$ | 0.77 | 0.45 | 14 | 0.45 | $-0.77$ | $-0.45$ |
| 5 | $-0.45$ | $-0.77$ | 0.45 | 15 | 0.45 | 0.77 | $-0.45$ |
| 6 | 0.89 | 0 | 0.45 | 16 | $-0.89$ | 0 | $-0.45$ |
| 7 | 0.33 | 0.57 | 0.75 | 17 | $-0.33$ | $-0.57$ | $-0.75$ |
| 8 | 0.66 | 0 | 0.75 | 18 | 0.66 | 0 | $-0.75$ |
| 9 | 0.33 | $-0.5$ | 0.75 | 19 | $-0.33$ | 0.57 | $-0.75$ |
| 10 | 0 | 0 | 1.0 | | | | |

### 3.2　半自由场测量方法

所谓半自由场，是指相对自由场而言，噪声在一个坚硬面上产生反射，由此将反射面作为声源的一部分，仅需要测量半圆球面上的声压级，其声功率为

$$L_w = \overline{L_p} + 10\lg S_2 \tag{4}$$

其中，$S_2 = 2\pi r^2$。

图 5 给出了 ISO3742 建议的传声器布置方式，在半径为 $r$ 的半球面上布置相等面积的 10 个测点。以声源中心在反射面上的投影为原点建立测量坐标系，与表 2 给出的 1～10 号测点位置相同。若声波中含有单音，在相同高度位置的传声器会产生强烈的干扰效应，在这种情况下，建议采用表 2 的坐标作为传声器位置。

从阵列中心线到传声器位置的水平距离

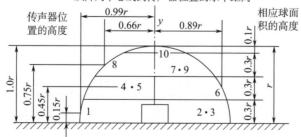

图 5　半径为 $r$ 的半球面上具有等面积的 10 个测点位置

**表 2　半自由声场中传声器阵列位置**

| 编号 | $x/r$ | $y/r$ | $z/r$ | 编号 | $x/r$ | $y/r$ | $z/r$ |
|------|-------|-------|-------|------|-------|-------|-------|
| 1 | 0.16 | −0.96 | 0.22 | 6 | 0.83 | −0.4 | 0.38 |
| 2 | 0.78 | −0.6 | 0.2 | 7 | −0.26 | −0.65 | 0.71 |
| 3 | 0.78 | 5.55 | 0.31 | 8 | 0.74 | −0.07 | 0.67 |
| 4 | 0.16 | 0.9 | 0.41 | 9 | −0.26 | −0.05 | 0.83 |
| 5 | −0.83 | 0.32 | 0.45 | 10 | 1.0 | 0.1 | 0.99 |

### 3.3　混响室测量方法

在混响室内测得平均声压级后，可以计算出噪声源的声功率级。在混响室内，除了非常靠近声源处，其他离开壁面半波长的任何地方声压级均相差不多，此时平均声压和声源总声功率的关系是

$$w_A = \frac{\alpha S \bar{p}^2}{4 \rho_0 c_0} \tag{5}$$

其声功率级为

$$L_w = \overline{L_p} + 10\lg(\alpha S) - 6.1 \tag{6}$$

式中　$\alpha$ ——室内平均吸声系数；

$\quad\quad S$ ——室内总表面积；

$\quad\quad \alpha S$ ——室内总吸收量（$m^2$）。

如果考虑空气吸收对高频噪声的影响，对测试结果做高频空气吸收修正，则上式可改写为

$$L_w = \overline{L_p} + 10\lg(\alpha S + 4mv) - 6.1 \tag{7}$$

式中，$m$ 是空气中声传播的声强衰减系数（$m^{-1}$）。

测量时传声器距墙角和墙边的距离至少 $\frac{3}{4}\lambda$，距墙面距离至少 $\frac{1}{4}\lambda$，其中 $\lambda$ 为声最低频率的波长。传声器距声源最少 1 m，平均声压级的测量至少在一个波长的空间内进行。

混响室的总吸收量是通过测量混响时间来计算的，此时噪声源声功率级用下式计算，即

$$L_w = \overline{L_p} + 10\lg\frac{V}{T} + 10\lg\left(1 + \frac{S\lambda_0}{\delta V}\right) - 14 \tag{8}$$

式中　$V$ ——混响室体积（$m^3$）；

$\quad\quad T$ ——混响时间（s）；

$\quad\quad \lambda_0$ ——相应于测试频带中心频率的声波波长（m）；

$\quad\quad S$ ——混响室内表面面积（$m^2$）。